Hans-Georg Willmann

30 Minuten

Arbeitszufriedenheit

W0110251

© 2015 SAT.1 www.sat1.de Lizenz durch ProSiebenSat.1 Licensing GmbH, www.prosiebensat1licensing.com

Bibliografische Information der Deutschen Nationalbibliothek

Die Deutsche Nationalbibliothek verzeichnet diese Publikation in der Deutschen Nationalbibliografie; detaillierte bibliografische Daten sind im Internet über http://dnb.d-nb.de abrufbar.

Umschlaggestaltung: die imprimatur, Hainburg
Umschlagkonzept: Martin Zech Design, Bremen
Lektorat: Dr. Sandra Krebs, GABAL Verlag GmbH, Offenbach
Satz: Zerosoft, Timisoara (Rumänien)
Druck und Verarbeitung: Salzland Druck, Staßfurt

© 2015 GABAL Verlag GmbH, Offenbach

Hinweis:
Das Buch ist sorgfältig erarbeitet worden. Dennoch erfolgen alle Angaben ohne Gewähr. Weder der Autor noch der Verlag können für eventuelle Nachteile oder Schäden, die aus den im Buch gemachten Hinweisen resultieren, eine Haftung übernehmen.

Printed in Germany

ISBN 978-3-86936-677-7

In 30 Minuten wissen Sie mehr!

Dieses Buch ist so konzipiert, dass Sie in kurzer Zeit prägnante und fundierte Informationen aufnehmen können. Mithilfe eines Leitsystems werden Sie durch das Buch geführt. Es erlaubt Ihnen, innerhalb Ihres persönlichen Zeitkontingents (von 10 bis 30 Minuten) das Wesentliche zu erfassen.

Kurze Lesezeit

In 30 Minuten können Sie das ganze Buch lesen. Wenn Sie weniger Zeit haben, lesen Sie gezielt nur die Stellen, die für Sie wichtige Informationen beinhalten.

- Alle wichtigen Informationen sind blau gedruckt.

- Schlüsselfragen mit Seitenverweisen zu Beginn eines jeden Kapitels erlauben eine schnelle Orientierung: Sie blättern direkt auf die Seite, die Ihre Wissenslücke schließt.

- *Zahlreiche Zusammenfassungen innerhalb der Kapitel erlauben das schnelle Querlesen.*

- Ein Fast Reader am Ende des Buches fasst alle wichtigen Aspekte zusammen.

- Ein Register erleichtert das Nachschlagen.

Inhalt

Vorwort

Arbeitszufriedenheit ist wie eine Welle. Sie kommt und geht, mal ist sie größer, mal kleiner und wenn sie gar nicht mehr kommt, sitzen wir auf dem Trockenen.

Laut Umfragen herrscht in vielen Büros und Werkhallen deutscher Unternehmen, was die Arbeitszufriedenheit angeht, Ebbe. Wie so oft, wenn etwas nicht funktioniert, ist auch schnell ein Schuldiger gefunden: der Chef. Oder der Chef des Chefs. Oder der Chef des Chefs des Chefs. Unsere Blicke richten sich schnell nach oben, zu „den Verantwortlichen", und so ist es kein Wunder, dass als Hauptverursacher von Arbeitsunzufriedenheit der unmittelbare Vorgesetzte gilt.

Viele Beschäftigte haben das Gefühl, dass ihre Bedürfnisse und Erwartungen von ihrem Chef teilweise oder völlig ignoriert werden. Sieben von zehn Mitarbeitern halten ihren Chef sogar für den schlimmsten Menschen überhaupt. Doch im Jammertal zu sitzen und sich über den Chef zu beklagen macht nicht zufrieden.

Zu einem Chef, der die Ansprüche seiner Mitarbeiter ignoriert, gehören immer auch Mitarbeiter, die diese Ansprüche haben. Dazwischen liegt viel Kommunikationsbedarf. Wie ist das bei Ihnen? Reden Sie offen mit Ihrem Chef über das, was Sie wollen? Und wenn Sie es nicht bekommen, was machen Sie dann? Bleiben Sie auf dem Trockenen sitzen und klagen?

Die Ursache für Unzufriedenheit ist oft nicht der Chef, sondern die fehlende Kommunikation mit dem Chef oder die Abhängigkeit vom Arbeitgeber. Wer Angst vor seinem Chef hat oder im Falle eines Jobwechsels den Verlust lang angesammelter Vergünstigungen und Annehmlichkeiten befürchtet oder schlicht keine beruflichen Alternativen sieht, der muss bleiben und jeden Chef aushalten, und sei es auch der schlimmste Mensch überhaupt.

Vielleicht spüren deshalb immer mehr Menschen die Sehnsucht danach, aus den Zwängen eines ungeliebten Jobs auszubrechen und stattdessen ihre Träume zu verwirklichen. Dieses Buch bringt auf den Punkt:

- was Ihr Chef und was Ihre Erwartungen mit Ihrer Arbeitszufriedenheit zu tun haben,
- warum es sinnvoll ist, zuerst mit dem Chef zu reden, bevor Sie alles *hinschmeißen*, und
- wie Sie aus der Abhängigkeit von Ihrem Arbeitgeber ausbrechen können.

Wenn Sie im Job unzufrieden sind, kann sich das in den nächsten 30 Minuten ändern. Denn Zufriedenheit ist machbar.

Ich wünsche Ihnen viele neue Denkanstöße.

Dipl.-Psych. Hans-Georg Willmann
www.willenskraft.de

30 MINUTEN

1. Wunsch und Wirklichkeit

Die Frage danach, wie zufrieden Sie im Job sind, ist die Frage danach, wie gut Ihre Wünsche (Bedürfnisse und Erwartungen) und die Wirklichkeit (Job-Realität) zusammenpassen.

Schauen Sie auf den nächsten Seiten einmal, warum es so schwer ist, zufrieden zu sein. Prüfen Sie, wofür Ihr Chef verantwortlich ist. Bleiben Sie aber fair und schauen Sie auch, was Sie selbst in der Hand haben, um zufriedener zu werden. Denken Sie daran: Zufriedenheit ist machbar.

1.1 Zufriedenheitswelle

Wann haben Sie sich das letzte Mal so richtig zufrieden gefühlt? Ein Gefühl der Zufriedenheit stellt sich erfahrungsgemäß ein, wenn Bedürfnisse und Erwartungen (Ansprüche) erfüllt sind. Im Job vergleichen Sie Ihre Ansprüche an die Arbeitssituation bewusst oder unbewusst immerfort mit der Realität, also der tatsächlich wahrgenommenen Arbeitssituation. Und Sie haben, wie jeder Mensch, ein feines Gespür dafür, ob Sie sich dies- oder jenseits der Zufriedenheitsgrenze befinden. Liegen Ihre Ansprüche höher, als sie sich in der Realität erfüllen lassen, sind Sie unzufrieden.

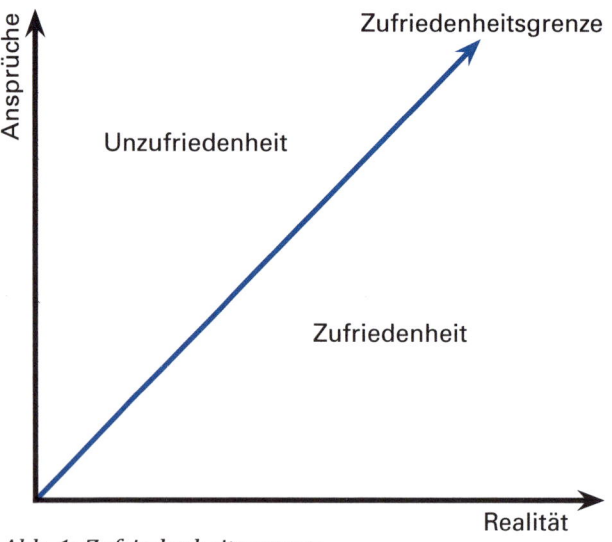

Abb. 1: Zufriedenheitsgrenze

Zwei Beispiele: Sie erwarten mehr Gehalt. Ihr Chef sagt Ihnen aber, dass eine Gehaltserhöhung nicht möglich ist. Anspruch und Realität fallen somit auseinander und Sie können unzufrieden werden. Sie haben das Bedürfnis nach mehr Anerkennung. Ihr Chef lobt Sie nicht. Anspruch und Realität fallen auseinander. Sie sind unzufrieden.

Zufriedenheit ist ein flüchtiger Zustand, weil sich unsere Ansprüche und die Realität im Laufe der Zeit verändern. Wir bewegen uns im (Arbeits-)Leben unaufhörlich zwischen Phasen der Zufriedenheit und Phasen der Unzufriedenheit, wellenförmig auf und ab.

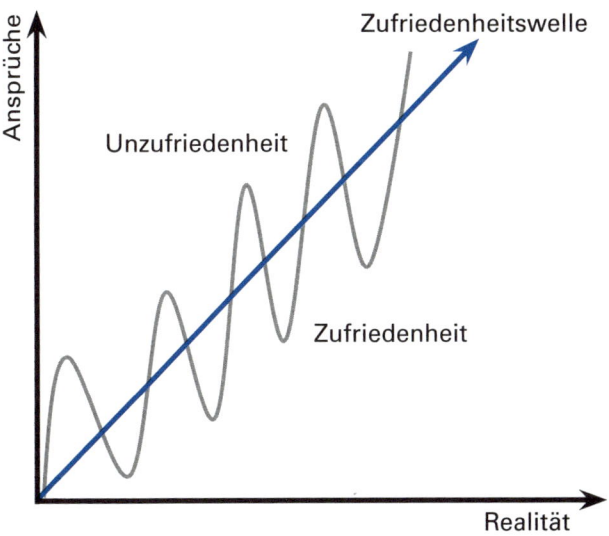

Abb. 2: Zufriedenheitswelle

Mal sind Sie unzufrieden, weil Ihre Ansprüche höher sind als tatsächlich realisierbar. Ein andermal sind Sie zufrieden, weil Ihre Ansprüche und die Realität ganz gut zusammenpassen. Das ist das ganz normale Auf und Ab im Leben. Die momentane Unzufriedenheit kann durchaus ein produktiver Zustand und die Triebfeder für eine positive Veränderung Ihrer Job-Realität sein. Vielleicht *surfen* Sie sogar auf einer aufsteigenden Zufriedenheitswelle und entwickeln sich weiter.

Wenn Sie jedoch keine Möglichkeit sehen, auf Dauer an der Arbeitssituation, die Sie unzufrieden macht, etwas zu ändern oder Ihre Ansprüche anzupassen, werden Sie chronisch unzufrieden und oftmals krank. Denn ein andauerndes Ungleichgewicht zwischen den eigenen Ansprüchen und der wahrgenommenen Realität ist für uns Menschen nur sehr schwer zu ertragen.

Zentrale Aspekte der Arbeitszufriedenheit

Laut zahlreicher Umfragen zur Arbeitszufriedenheit (z. B. Institut der Deutschen Wirtschaft Köln oder Gallup-Studie zur Arbeitszufriedenheit 2014) existieren einige zentrale Aspekte in der Arbeit, die zufrieden machen. Schauen Sie sich die folgenden Punkte einmal an und prüfen Sie, wie wichtig diese für Sie sind (*1 = gar nicht wichtig* bis *5 = sehr wichtig*), inwieweit die jeweiligen Aspekte in Ihrer aktuellen Arbeit erfüllt sind (*1 = gar nicht erfüllt* bis *5 = vollkommen erfüllt*) und wer Ihrer Meinung nach für die Erfüllung verantwortlich ist (Ihr Chef und/oder Sie). Füllen Sie jetzt die folgende Tabelle aus.

Aspekte der Arbeitszufriedenheit	Wichtigkeit (1 – 5)	Erfüllungsgrad (1 – 5)	Chefsache	Mitarbeitersache
Ich weiß, was von mir erwartet wird.				
Ich habe ausreichend Arbeitsmittel zur Verfügung.				
Ich kann tun, was ich am besten kann.				
Ich erhalte Anerkennung für meine Leistung.				
Ich kann lernen und mich entwickeln.				
Ich werde als Mensch gesehen.				
Ich erhalte Unterstützung.				
Ich weiß, dass meine Meinung zählt.				
Ich kann mich mit meinen Aufgaben identifizieren.				
Ich empfinde meine Arbeit als sinnvoll.				
Ich habe Entscheidungs- und Handlungsspielraum.				
Ich habe eine gewisse Arbeitsplatzsicherheit.				

Wenn Sie das Gefühl haben, dass etwas fehlt, dann ergänzen Sie die Tabelle einfach.

Ich brauche/erwarte außerdem ...	Wichtigkeit (1 – 5)	Erfüllungsgrad (1 – 5)	Chefsache	Mitarbeitersache

Zu welchem Schluss kommen Sie, wenn Sie sich Ihre Antworten anschauen? Was macht Sie zufrieden und was macht Sie unzufrieden? Wenn Sie sehr unzufrieden sind – wie lange dauert dieser Zustand schon an? Und wer, glauben Sie, kann daran etwas ändern?

Wechsel der Blickrichtung: Zufriedenheit ist ein flüchtiger Zustand und Unzufriedenheit ist nicht per se schlecht. Wir bewegen uns im Leben immer zwischen Zufriedenheit und Unzufriedenheit. Dabei kann Unzufriedenheit ein produktiver Zustand sein, denn sie ist die Triebfeder für Veränderung. Wer keine Möglichkeiten sieht, an seiner Unzufriedenheit etwas zu ändern, und chronisch unzufrieden wird, wird krank. Ein andauerndes Ungleichgewicht zwischen Ansprüchen und Realität ist nur schwer zu ertragen.

1.2 Wahrnehmung

Phasen der Unzufriedenheit sind also ganz normal. Doch ab wann wird aus einer momentanen Unzufriedenheit eine chronische Unzufriedenheit? Und woran erkennen Sie, dass es so weit ist? Kennen Sie die Geschichte vom Frosch im Wassertopf?

Der Frosch im Wassertopf

Wirft man einen Frosch in einen Topf mit kochendem Wasser, dann tut er alles, um der tödlichen Hitze zu entkommen. Setzt man den Frosch jedoch in einen Topf mit lauwarmem Wasser und erhöht die Temperatur ganz langsam, dann kocht er bei lebendigem Leibe, ohne dass er Anstrengungen macht, sein Wärmegefängnis zu verlassen.

Wie oft haben Sie das Gefühl, in Ihrer *Unzufriedenheitssuppe* zu kochen? Und warum springen Sie nicht? Im Job-Alltag ist es gar nicht so leicht, wahrzunehmen, was sich wann und wie verschlechtert. Wie die meisten Dinge im Leben beginnt auch chronische Unzufriedenheit im Job nicht mit einem Paukenschlag. Viele Veränderungen vollziehen sich erfahrungsgemäß schleichend. Stück für Stück richten wir uns in der eigenen Komfortzone ein. Nach und nach gewöhnen wir uns an materielle Annehmlichkeiten. Und schleichend nehmen wir täglich mehr an Belastung, an Routine, an Chefallüren oder an Kollegenärger als „normal" hin.

Aber warum bloß? Wir nehmen in vielen Bereichen unseres Lebens eine kontinuierliche Verschlechterung unserer Situation hin, weil wir gar nicht mitbekommen, wie sich die Grenzen der Normalität verschieben. Wenn Veränderungen nur langsam genug ablaufen, passt sich unsere Wahrnehmung den Veränderungen an und wir halten *heute* für normal, was für uns *gestern* noch problematisch gewesen wäre. Statt auf Veränderungen mit einem veränderten Verhalten zu reagieren – der Frosch hätte nicht im langsam heißer werdenden Wasser sitzen bleiben, sondern herausspringen sollen –, halten wir Situationen zu lang aus, die eigentlich nicht gut für uns sind und die uns unzufrieden machen. Und „plötzlich" kochen wir dann in der Unzufriedenheitssuppe vor uns hin und drohen zu verkochen.

Sie erkennen chronische Unzufriedenheit bei sich selbst (und auch bei anderen) daran, dass Sie nicht mehr aus dem *Jammertal* herauskommen. Sie klagen häufig über Ihre schlimme Arbeitssituation, den *schrecklichen* Chef, die *nervenden* Kollegen, die große Belastung oder die Langeweile im Job oder über ein viel zu niedriges Gehalt. Sie fühlen sich mal wütend, mal niedergedrückt. Vielleicht schlafen Sie schlecht oder trinken zu viel Alkohol und denken häufig: *„Die anderen sind schuld, und alle anderen haben es besser als ich."*

Den Blick schärfen

Damit Sie den Tipping-Point, den Punkt, an dem eine momentane Unzufriedenheit in eine chronische Unzufriedenheit kippt, nicht verpassen, brauchen Sie ein wenig Distanz zum Geschehen und einen scharfen Blick. Wenn Sie aktuell sehr unzufrieden im Job sind, dann ist es hilfreich, zunächst einmal Ihre *Unzufriedenheitsbrille* abzusetzen. Denn durch die Brille der Unzufriedenheit sehen Sie alles mit den Augen eines unzufriedenen Menschen. Und wer nur noch Augen für das hat, was ihn unzufrieden macht, und nicht mehr auch die Dinge wahrnimmt, die ihn zufrieden machen, verzerrt die Realität. Auf der nächsten Seite finden Sie eine kleine Übung dazu. Schauen Sie jetzt einmal und benennen Sie, was Sie sehen?

1. Wunsch und Wirklichkeit

Die meisten Menschen antworten auf die Frage, was sie sehen: *„Ein blauer Punkt."* Und das ist natürlich korrekt. Allerdings ist das nur die halbe Antwort. Denn der kleine blaue Punkt befindet sich auf einer großen weißen Seite. Wenn wir unzufrieden sind, neigen wir dazu, bildlich gesprochen, nur noch den kleinen blauen Punkt zu sehen, nicht aber das große Drumherum.

Die Konzentration auf einen einzigen Punkt, der Sie unzufrieden macht, ist gefährlich, denn darüber verlieren Sie schnell das Ganze aus dem Blick. Und wer zu selten an das denkt, was er hat, aber immer an das, was ihm fehlt, der kann nicht zufrieden werden.

Steigen Sie also einmal aus Ihrer Unzufriedenheitssuppe heraus und betrachten Sie Ihre Arbeit von außen. Nutzen Sie dazu die folgende Technik:

Die Drei-Fragen-Technik
Nehmen Sie sich täglich, am besten abends, ein wenig Zeit und denken Sie über drei Fragen nach. (1) Was hat mich heute zufrieden gemacht? (2) Was hat mich heute unzufrieden gemacht? (3) Was kann ich machen, um morgen mehr Zufriedenheits- als Unzufriedenheitspunkte zu nennen? Notieren Sie einige Stichworte dazu.

Keine Sorge, wenn Sie auf die dritte Frage (noch) keine Antwort kennen, auf den nächsten Seiten finden Sie viele Impulse dazu.

30 *Wechsel der Blickrichtung: Momentane Unzufriedenheit kann schleichend in eine chronische Unzufriedenheit übergehen. Wir merken oft gar nicht, wie wir in der eigenen Unzufriedenheitssuppe vor uns hin köcheln. Achten Sie einmal darauf, wie häufig Sie über Ihre Arbeitssituation jammern. Spätestens wenn Sie bemerken, dass Sie im Jammertal sitzen und gar nicht mehr damit aufhören, zu klagen, sollten Sie die Unzufriedenheitsbrille absetzen und mit klarem Blick schauen, was Sie an Ihrer Job-Realität ändern oder an Ihren Ansprüchen anpassen können.*

1.3 Chefsache

Der Chef ist schuld – oder? Schauen Sie sich noch einmal Ihre Tabelle mit den verschiedenen Aspekten der Arbeitszufriedenheit im ersten Kapitel an. Bei wie vielen Punkten haben Sie angekreuzt, dass die Erfüllung Ihrer Ansprüche Chefsache ist? Neun von zehn Menschen kreuzen bei allen Punkten ihren Chef als Hauptverantwortlichen an. Ebenso viele leiden unter einem niedrigen Erfüllungsgrad ihrer Ansprüche. Und jetzt?

Der Elefant im Porzellanladen

Chefs haben es auch nicht leicht. Um erfolgreich zu sein, müssen sie eine größere Gruppe von Menschen in

Richtung der Vorstellungen und Ziele eines Unternehmens führen. Dabei sind sie für alles verantwortlich und oft an allem schuld – vor allem dann, wenn ihre Mitarbeiter unzufrieden sind. Gleichgültig, ob es um das Gehalt, um die Kollegen, das Ansehen der Stelle oder um die Freiräume im Job geht – der Chef soll's richten.

Das ist keine leichte Aufgabe. Aber bitte, wer auf dem Chefsessel sitzt, hat sich diese Aufgabe ausgesucht oder sich zumindest nicht gewehrt, als man ihm den Posten angeboten hat.

Wenn wir über Arbeitszufriedenheit reden, reden wir immer auch über die Beziehungsebene zwischen Chef und Mitarbeiter. Mitarbeiter wünschen sich von ihrem Chef, dass ihre Bedürfnisse und Erwartungen wahr- und ernst genommen werden.

Doch viele Chefs führen sich offensichtlich nicht selten auf wie Elefanten im Porzellanladen. Sie nehmen ihre Mitarbeiter anscheinend wenig ernst, zeigen selten ein echtes Interesse an ihnen, reden in Rätseln über das, was sie erwarten, versprechen Dinge, die sie nicht halten, und verunsichern mit unglücklich getroffenen Aussagen. Ein Beispiel aus der Praxis:

Chef zu seinen zwölf Mitarbeitern: *„Übrigens, bevor Sie es gleich im Bereichsmeeting erfahren, zwei unserer Projekte wurden von der Bereichsleitung gestoppt. Was das stellen- und aufgabenmäßig bedeutet, klären wir noch in den nächsten Wochen."*

Innerhalb von 20 Sekunden hat dieser Chef die Arbeits-zufriedenheit seiner zwölf Mitarbeiter auf eine harte Probe gestellt. Diese beiden Sätze genügen, um nach-haltig zu verunsichern und damit die Mitarbeiter im Hinblick auf ihre Bedürfnisse nach Sicherheit, Anerken-nung und Sinn zu frustrieren. Als Beobachter fragt man sich unwillkürlich, ob das wohl Methode hat: *Führen durch Verunsichern*. Nach dem Motto: Wer Angst vor Jobverlust hat, der leistet mehr.

Überlegen Sie einmal selbst, welche weiteren Beispiele Ihnen einfallen. Wann haben Sie das letzte Mal mit dem Kopf geschüttelt und gedacht: *„Warum macht mein Chef das?"* Warum verhalten sich Chefs eigentlich so unge-schickt?

Die meisten Chefs, die ich aus meiner Coaching-Sprech-stunde kenne, haben den Wunsch, eine gute Führungs-kraft zu sein. Und trotzdem verhalten sie sich oft un-glücklich. Gleichgültig, ob absichtlich oder unabsicht-lich – weil sie es nicht besser können, weil sie überlastet oder unachtsam sind und gar nicht wahrnehmen, was sie mit ihren Worten anrichten –, in beiden Fällen sind die Auswirkungen unerfreulich: Sie haben keinen Spaß an Ihrer Arbeit und Ihr Chef bekommt nur eine einge-schränkte Arbeitsleistung: Das nennt man dann eine Lose-Lose-Situation.

Auch wenn das kein Chef-Ratgeber ist, ein Tipp sei an dieser Stelle erlaubt.

Wofür der Chef verantwortlich ist

Der Chef ist natürlich nicht dafür verantwortlich, Sie
glücklich und zufrieden zu machen. Er ist auch nicht für
Ihre Selbstverwirklichung zuständig. Aber er ist dafür
verantwortlich, Sie respektvoll zu behandeln. Respekt
ist Chefsache!

Wenn man sich fragt, wie es so vielen Chefs gelingt, die
Arbeitszufriedenheit ihrer Mitarbeiter nachhaltig kaputtzumachen, erkennt man schnell, dass es im Regel-
fall immer etwas mit Respekt oder besser gesagt feh-
lendem Respekt zu tun hat. Respekt ist die Grundlage
jeder Beziehung. So wie wir täglich essen müssen, um
satt zu werden, so brauchen wir von unserem Gegenüber und damit auch von unserem Chef Respekt, um
unseren Selbstwert zu nähren.

Mitarbeiter ermitteln mit seismografischer Sensibilität
aus jedem Kommunikationssignal, das auf sie zukommt,
ob ihr Chef ihren Selbstwert respektiert – oder nicht.
Und unser Selbstwert hat etwas mit Autonomie, mit der
Möglichkeit, unsere Talente und Fähigkeiten einzusetzen, mit Entwicklung, mit Wertschätzung und Anerkennung für unsere Leistung, mit Sinnhaftigkeit unserer
Arbeit und mit Stabilität zu tun.

Mit einer Aussage wie: *„Übrigens, bevor Sie es gleich im Bereichsmeeting erfahren, ..."* schaffen Chefs einen Rundumschlag der Respektlosigkeit. Was soll ein Mitarbeiter mit so einer hingeworfenen Halbinformation anfangen? Warum informiert der Chef „im Vorbeigehen" über ein existenzielles Thema? Hat er es selbst nicht früher gewusst? Hatte er Angst, es früher mitzuteilen? Hält er es nicht für notwendig, seine Mitarbeiter anständig zu informieren? Mitarbeiter fragen sich nach so einer Aussage unwillkürlich:

- *„Ist mein Arbeitsplatz noch sicher?"*
- *„Was soll ich arbeiten, wenn mein Projekt wegfällt?"*
- *„War meine Arbeit an den Projekten nichts wert?"*
- *„Welchen Sinn hat meine Arbeit überhaupt?"*
- *„Wie geht es jetzt weiter?"*

Es verlangt schon einiges an Frustrationstoleranz von Mitarbeitern, um mit Halbsätzen wie *„... das klären wir noch in den nächsten Wochen"* umzugehen.
Respekt zeigt sich in allem, was ein Chef tut oder lässt. Respekt zeigt sich in einem freundlichen Lächeln am Morgen, in einem anständigen Umgangston und einer offenen Kommunikation. Respekt zeigt sich darin, dass der Chef für Rahmenbedingungen sorgt, in denen Mitarbeiter ihre Talente und Fähigkeiten einsetzen und entfalten können. Respekt spiegelt sich im Entscheidungs- und Handlungsfreiraum wider, den ein Chef seinen Mitarbeitern lässt, weil er als Chef es versteht, aus den Unternehmenszielen ein gemeinsames Ziel zu

machen, und weil er darauf vertraut, dass seine Mannschaft – alle zusammen – auf dieses gemeinsame Ziel hinarbeitet.

Dieses Vertrauen entwickelt sich aber nur im persönlichen Miteinander, indem sich Chef und Mitarbeiter im wahrsten Sinne des Wortes miteinander vertraut machen. Was wir gar nicht kennen, was uns nicht vertraut ist, dem trauen wir auch nicht. Vertrauen baut sich durch persönliche Erfahrung langsam auf.

Ein Chef hat die schwierige Aufgabe, sich mit jedem einzelnen seiner Mitarbeiter ernsthaft zu beschäftigen. Kein Führungsstil und keine Führungstechnik kommen um die Tatsache herum, dass es sich bei den Geführten um Menschen handelt, die in ihrem Selbstwert wahr- und ernst genommen werden wollen. Der Chef sollte seinen Mitarbeitern zuhören. Das nennt man: den Mitarbeiter respektieren.

Im anforderungsreichen Arbeitsalltag einer Führungskraft ist das keine einfache Aufgabe. Aber ich sage es noch einmal: Das hat sich der Chef so ausgesucht. Kein Mensch wird dazu gezwungen, Chef zu sein.

Ein weiterer Tipp an alle Chefs: Aus repräsentativen Umfragen weiß man, dass Mitarbeiter nicht etwa das Unternehmen verlassen, sondern ihren unmittelbaren Chef. Mitarbeiter, die von einem Arbeitgeber abhängig sind und deshalb nicht gehen können, vollziehen die innere Kündigung. Sie boykottieren oder sabotieren, werden krank und leisten weniger. Es ist ein Trugschluss, zu glauben, dass abhängige Mitarbeiter dem

Unternehmen besonders verbunden wären. Mitarbeiterbindung (Commitment) ist nicht gleich Mitarbeiterabhängigkeit.

Wechsel der Blickrichtung: Als Mitarbeiter glaubt man oft besser zu wissen, was der Chef tun oder lassen sollte, damit „der Laden endlich mal läuft" und die Mitarbeiter zufriedener sind. Wenn irgendetwas nicht passt, ist „natürlich" der Chef schuld. Doch der Chef ist nicht für alles verantwortlich. Ihr Chef ist nicht dafür zuständig, Sie zufrieden zu machen. Wohl aber, Ihre Arbeitszufriedenheit nicht absichtlich – oder weil er es nicht besser weiß – kaputtzumachen. Er ist dafür verantwortlich, Sie respektvoll zu behandeln, denn Respekt ist Chefsache!

1.4 Mitarbeitersache

Auch wenn alle Lehrbücher der Arbeitspsychologie bestätigen, dass Ihr Chef verantwortlich dafür ist, Sie respektvoll zu behandeln und Ihre Arbeitszufriedenheit durch seine Worte und Taten zumindest nicht absichtlich kaputtzumachen, zeigt sich die Realität häufig von einer anderen Seite. Die Dinge sind erfahrungsgemäß oft anders, als wir sie uns wünschen und als sie gut für uns wären. Und was dann?

Gerechtigkeitsfragen

Ich möchte hier gar nicht zu sehr auf die Inhalte der Arbeitszufriedenheit und die Höhe der Erfüllung einzelner Aspekte eingehen – dafür ist Zufriedenheit eine viel zu persönliche Angelegenheit. Wir könnten uns trefflich darüber streiten, was gerecht und was ungerecht ist, welche Ihrer Ansprüche (Bedürfnisse und Erwartungen) an Ihre Arbeitssituation angemessen und welche davon unangemessen sind. Zum Beispiel wie viel Gehalt genug und wie viel zu wenig ist, wie viel Anerkennung und Lob ausreichen, wie viele Überstunden zu viel sind usf.

Doch das würde uns nicht weiterbringen. Ich bin der Meinung, wenn Sie das Gefühl haben, etwas wirklich zu brauchen, um zufrieden zu sein, dann ist das erst einmal okay. Das ist Ihre subjektive Wahrheit. Basta!

Lassen Sie uns lieber darüber nachdenken, woran es liegt, dass Sie, wie die allermeisten Mitarbeiter, nicht einfach zu Ihrem Chef gehen und ihm sagen, was Sie sich wünschen. Das wäre doch eine verhältnismäßig schnelle Möglichkeit, um zu klären, ob an der Job-Realität, die Sie unzufrieden macht, etwas zu ändern ist.

Chronische Unzufriedenheit entsteht sehr viel häufiger durch fehlende Kommunikation zwischen Mitarbeiter und Chef als durch tatsächlich fehlende Aspekte in der Arbeitssituation. Wenn der Chef gar nicht weiß, was Sie brauchen, um zufrieden arbeiten zu können, kann er auch nicht dafür sorgen, dass Sie es bekommen. Und glauben Sie nicht, dass ein Chef Ihnen alle Wünsche von den Augen ablesen kann. Chefs sind auch nur Menschen – und keine Gedankenleser.

Deshalb ist das Chef-Gespräch der Königsweg für mehr Zufriedenheit im Job. Wenn Ihr Chef ein offenes Ohr hat und gemeinsam mit Ihnen nach Lösungen sucht, kann sich Ihre Arbeitssituation verbessern. Vielleicht nicht von heute auf morgen, aber über einen gewissen Zeitraum hinweg hätten Sie Ihre Arbeitsunzufriedenheit durch eine konstruktive Bewältigungsstrategie in Arbeitszufriedenheit umgewandelt. Dann würden Sie auf der Zufriedenheitswelle surfen, anstatt ins Reich der Unzufriedenheit abzutauchen. Erfahrungsgemäß würde sich dadurch auch Ihre Arbeitsleistung verbessern. Das nennt man dann eine Win-win-Situation.

Wofür der Mitarbeiter verantwortlich ist

Als Mitarbeiter sind Sie nicht dafür zuständig, täglich die Kohlen für Ihren Chef aus dem Feuer zu holen. Sie sind auch nicht dafür verantwortlich, wenn Ihr Vorgesetzter gar nicht auf dem Chefsessel sitzen will, weil er weder führen mag noch kann. Aber Sie sind für sich selbst verantwortlich und dafür, Ihre Bedürfnisse und Erwartungen gegenüber Ihrem Chef zu formulieren.

Wenn man sich fragt, woran es liegt, dass so viele Mitarbeiter unzufrieden sind, stößt man immer wieder auf diese beiden Punkte. Erstens: Mitarbeiter fühlen sich diffus unzufrieden, können aber gar nicht so recht benennen, womit und warum. Und zweitens: Mitarbeiter reden nicht mit ihrem Chef, sondern *mit* ihren Kollegen im Büro und ihren Partnern und Freunden zu Hause *über* ihren Chef und klagen über *„unerträgliche Zustände am Arbeitsplatz",* über *„Chefs, die nicht wissen, was sie wollen",* über *„fehlende Anerkennung"* usf.

Doch durch *Jammern* verändert sich nichts. Eine goldene Kommunikationsregel lautet: Reden Sie nicht über Ihren Chef, sondern *mit* ihm. Ein Beispiel aus der Praxis:

Chef zum Mitarbeiter: *„Bis morgen brauche ich eine aussagekräftige Präsentation der Quartalszahlen auf meinem Schreibtisch."*

Der Mitarbeiter eilt in sein Büro und legt los, Zahlen, Daten und Fakten in seinen Rechner zu tippen. In der Mittagspause klagt er in der Kantine vor seinen Kollegen, dass der Chef immer so kurzfristig Aufgaben zuteilt und nie genau sagt, was er eigentlich will. Am Abend klagt er bei seiner Partnerin darüber, dass er nach dem Abendessen noch weitere zwei Stunden an der Präsentation feilen muss. Am nächsten Tag um 11.00 Uhr legt er seinem Chef die Präsentation vor.

Chef zum Mitarbeiter: *„Was ist denn das? Ich wollte keine Kuchendiagramme, sondern Verlaufskurven. Außerdem fehlen die Vorjahreswerte zum Vergleich. Jetzt aber schnell."*

Der Mitarbeiter ist sauer, lässt sich aber nichts anmerken und denkt bei sich: *„Du Idiot, das hättest du mir auch gestern sagen können."*

Worüber ist der Mitarbeiter unzufrieden? Darüber, dass er nicht genau wusste, was von ihm erwartet wird. Natürlich wäre es wünschenswert, wenn ein Chef präzise kommunizieren würde. Leider können die wenigsten Führungskräfte genau formulieren, wie die von ihnen geforderte Leistung tatsächlich aussehen soll.

Gehört Ihr Chef dazu? Dann ist es sehr sinnvoll, die Kommunikation selbst in die Hand zu nehmen, um nicht dauerhaft unzufrieden zu sein, weil Sie nie wissen, was von Ihnen erwartet wird. *Mein Tipp: Fragen statt klagen.* Freunden Sie sich mit den sechs W-Fragen an: *Was* und *Wie* und *Wo, Warum* und *Wer* und *Wann.* Wenn Ihr Chef das nächste Mal eine Leistung einfordert, ohne präzise zu benennen, wie diese aussehen soll, dann fragen Sie nach: *„Für wen ist die Präsentation (Zielgruppe)? Was wollen Sie genau, das heißt, wie stellen Sie sich die Präsentation konkret vor? Wann brauchen Sie die Präsentation auf Ihrem Schreibtisch?"*

Das Prinzip des „miteinander Redens" gilt übrigens für alle Aspekte der Arbeitszufriedenheit, die Sie aus dem Unterkapitel *Zufriedenheitswelle* kennen. Fehlen Ihnen z. B. ausreichende Arbeitsmittel, sollten Sie sich darüber nicht bei Ihrem Kollegen oder Ihrem Partner zu Hause beschweren, sondern mit Ihrem Chef reden. Können Sie bei Ihren Aufgaben Ihre Talente und Fähigkeiten nicht wirklich einsetzen, sich nicht weiterentwickeln oder fehlt Ihnen Anerkennung für Ihre Leistungen – dann reden Sie mit Ihrem Chef. Fühlen Sie sich als Mensch wenig gesehen, bekommen Sie keine Unterstützung oder haben Sie das Gefühl, dass Ihre Meinung nicht zählt – Ihr Chef ist Ihr Ansprechpartner. Auch wenn es um die Identifikation mit den eigenen Aufgaben und den Unternehmenszielen geht, hilft es, miteinander zu reden – und natürlich auch, wenn es um die Themen Gehalt und Arbeitszeit geht.

Das Gespräch mit dem Chef scheint für viele eine unüberwindbare Hürde zu sein. Aber warum eigentlich? Wir haben doch gelernt, miteinander zu reden. Im nächsten Kapitel finden Sie eine Antwort auf diese Frage.

Wir fühlen uns zufrieden, wenn unsere Ansprüche und die Realität zusammenpassen. Zufriedenheit ist ein flüchtiger Zustand und Unzufriedenheit ist nicht per se schlecht. Momentane Unzufriedenheit kann die Triebfeder für Veränderung und Entwicklung sein, wenn wir die Möglichkeit sehen, an unserer Job-Realität etwas zu ändern. Können wir das nicht und passen unsere Ansprüche und die Realität über längere Zeit nicht zusammen, werden wir chronisch unzufrieden und oft krank. Damit das nicht passiert, können Sie Folgendes beachten:

- *Achten Sie darauf, ob und seit wann Sie in Ihrer Unzufriedenheitssuppe sitzen und klagen.*
- *Setzen Sie die Unzufriedenheitsbrille ab und prüfen Sie, welche Dinge Sie zufrieden machen.*
- *Übernehmen Sie Selbstverantwortung und reden Sie über das, was Sie brauchen.*

30

30 MINUTEN

2. Möglichkeiten

Zwischen Wunsch und Wirklichkeit liegen die Möglich-keiten, die Sie haben, um zufriedener zu werden. Bevor Sie resigniert aushalten oder frustriert hinschmeißen, lohnt es sich, darüber nachzudenken, ob das wirklich die cleversten Wege zu mehr Zufriedenheit sind.
Prüfen Sie auf den nächsten Seiten einmal, was Sie da-von abhält, den Königsweg zu mehr Zufriedenheit zu gehen und das Chef-Gespräch zu führen.

2.1 Realitätscheck

Wie sieht Ihre aktuelle Job-Situation konkret aus? Was möchten Sie gerne ändern, um zufriedener zu werden? Machen Sie einen Faktencheck, bevor Sie im Detail schauen, welche Möglichkeiten Sie haben, um Ihre Zufriedenheit zu steigern.

Fakten

Das Gefühl der Unzufriedenheit ist oftmals nur schwer zu greifen. Doch um etwas zu verändern, müssen Sie wissen, was Sie verändern *wollen*, um dann zu prüfen, ob Sie es verändern *können*. Es lohnt sich, einmal genau zu schauen, welche Brocken in Ihrer Unzufriedenheitssuppe herumschwimmen.

Unterscheiden Sie zunächst die *harten* Fakten, wie zum Beispiel das Gehalt, die Arbeitszeit oder den Arbeitsort, von den *weichen* Faktoren, wie beispielsweise die Anerkennung und Wertschätzung vom Chef, die Sinnhaftigkeit Ihrer Aufgaben oder das *Nervpotenzial* Ihrer Kollegen.

Prüfen Sie anhand der einzelnen Punkte in den folgenden Tabellen, mit welchen harten Fakten und welchen weichen Faktoren Sie zufrieden sind und womit Sie unzufrieden sind. Schreiben Sie auch auf, warum Sie mit einzelnen Punkten unzufrieden sind und was sich verändern müsste, damit Sie zufriedener wären. Ergänzen Sie die Liste, wenn Ihnen ein Punkt fehlt.

Harte Fakten	Zufrieden	Unzufrieden, weil ...	Was muss (s)ich ändern?
Gehalt			
Arbeitszeit			
Arbeitsort (Standort)			
Arbeitsmittel (Büro, PC ...)			
Arbeitsplatzsicherheit (Vertrag)			
...			
...			
...			
...			
...			

Prüfen Sie nun auch die weichen Faktoren.

Weiche Faktoren	Zufrieden	Unzufrieden, weil …	Was muss (s)ich ändern?
Identifikation mit Unternehmen			
Sinnvolle Aufgaben			
Einsatz der Talente/ Fähigkeiten			
Entwicklungsmöglichkeiten			
Autonomie			
Anerkennung/Wertschätzung			
Umgang miteinander			
…			
…			
…			

Jetzt haben Sie einen brauchbaren Überblick gewonnen und können einen Schritt weiter gehen. Schauen Sie einmal, welche Möglichkeiten Sie haben, um sich selbst zufriedener zu machen?

Wege zur Zufriedenheit

Generell gibt es zwei Richtungen, in die Sie gehen können, wenn Ihre Ansprüche (Bedürfnisse und Erwartungen) nicht zu Ihrer Job-Realität passen: Ändern Sie Ihre Ansprüche oder ändern Sie etwas an Ihrer Job-Situation.

1. Reden Sie mit Ihrem Chef (oder den Kollegen) und finden Sie gemeinsam besser passende Lösungen für die Problembereiche, die nicht zu Ihren Ansprüchen passen. Auf diesem Weg halten Sie Ihre Ansprüche aufrecht und suchen eine konstruktive Lösung im aktuellen Job.

2. Suchen Sie sich einen neuen Job, bei dem Sie mehr von Ihren Bedürfnissen und Erwartungen erfüllen können. Auch hierbei halten Sie Ihre Ansprüche aufrecht und suchen eine konstruktive Lösung außerhalb.

Wenn Sie die äußeren Umstände (Ihre Job-Realität) im Augenblick nicht so verändern können, dass sie Ihnen passend erscheinen, können Sie immer noch Ihre Ansprüche anpassen.

3. Reden Sie sich die Dinge schön und gehen Sie dazu über, Ihre Arbeit zum Beispiel doch irgendwie inte-

ressant, die Kollegen nett und den Chef akzeptabel zu finden. Dabei halten Sie Ihre Ansprüche aufrecht, verändern jedoch Ihre Wahrnehmung der Arbeitssituation. Das nennt man Pseudozufriedenheit – und auch das kann vorübergehend sinnvoll sein.

4. Passen Sie Ihre Ansprüche an, akzeptieren Sie Ihre Arbeitssituation und *erkennen* Sie, dass Sie zu viel erwartet haben. Hier senken Sie Ihre Ansprüche, was vorübergehend entlasten, auf Dauer jedoch zu Resignation führen kann.

Jammern ist keine Lösung. Wenn Sie im Job unzufrieden sind und die Dissonanz zwischen Ihren Ansprüchen und der Realität nicht mehr aushalten, ist *Jammern oft die schnellste Reaktion*. *Jammern* ist wie ein Ventil, durch das Sie Dampf ablassen. Diese Reaktion ist sehr menschlich und bringt zwar kurzfristige Erleichterung, aber Sie leider nicht wirklich weiter.

Spätestens wenn Ihnen niemand mehr zuhören will und Sie merken, dass sich durch *Jammern* nichts verändert, erkennen Sie, dass Arbeitsunzufriedenheit auszuhalten kein Weg ist. Dann prüfen Sie andere Möglichkeiten, um aus der Unzufriedenheit herauszukommen. Dabei verhalten sich viele Mitarbeiter wiederum sehr menschlich und wägen ab, welcher der Weg der geringsten Anstrengung und des geringsten Widerstands sein wird. Viele Mitarbeiter haben Angst davor, mit dem Chef zu sprechen oder sich einen neuen Job zu suchen. Und so wählen nicht eben wenige Mitarbeiter nach dem *Jammern* die Pseudozufriedenheit oder die Resignation als nächste Reaktion auf ihre Arbeitsunzufriedenheit.

Je nachdem, wie Ihre aktuelle Lebenssituation aussieht, kann das vorübergehend durchaus sinnvoll sein. Manchmal hat man einfach nicht die Kraft, um sich auf das Gespräch mit seinem Chef einzulassen oder gar einen neuen Arbeitsplatz zu suchen. Manchmal braucht man seine ganze Energie für eine schwierige Situation in der Familie, oder man hat langfristige Pläne und ist bereit, dafür eine gewisse Zeit lang mit seiner Unzufriedenheit umzugehen. Achten Sie jedoch darauf, dass Sie nicht zu lange in der Unzufriedenheitssuppe köcheln. Denn auf Resignation folgt Frustration – und die macht krank.

> **Vier Wege zu mehr Arbeitszufriedenheit**
>
> (1) Der Königsweg ist das Chef-Gespräch: Formulieren Sie Bedürfnisse und Erwartungen gegenüber Ihrem Chef.
> (2) Die zweitbeste Lösung ist ein neuer Job: Wenn sich im aktuellen Job nichts verändern lässt, dann gehen Sie.
> (3) Eine vorübergehende Lösung ist es, die eigene Wahrnehmung der Arbeitssituation zu verändern (sich die Dinge schönreden).
> (4) Eine weitere kurzfristige Lösung ist es, die eigenen Ansprüche zu senken (weniger zu erwarten).

Der indische Lehrer Shantideva sagt:

„Wir hätten keine Aussicht, jemals genug Leder aufzu-treiben, um die Welt damit zu bedecken, damit wir uns nie einen Dorn in den Fuß stechen könnten, aber das ist auch gar nicht nötig, denn es reicht ja, unsere Fußsohlen mit Leder zu bedecken."

(Martens, J. U. & Kuhl, J., S. 34)

Wenn Sie weder Ihre Job-Realität ändern können (*Welt mit Leder bedecken*) noch Ihre Ansprüche anpassen oder Ihre Einstellung überdenken wollen (*Fußsohlen mit Leder bedecken*), werden Sie sich ein (Arbeits-)Leben lang *Dornen in den Fuß stechen*. Prüfen Sie einmal, woher Ihre Ansprüche (Bedürfnisse und Erwartungen) im Job eigentlich kommen und welche Einstellung Sie zur Arbeit haben.

30 *Wechsel der Blickrichtung: Worüber reden Sie eigentlich, wenn Sie sagen, dass Sie unzufrieden sind? Um etwas zu verändern, müssen Sie wissen, was Sie verändern wollen, um dann zu prüfen, ob Sie es verändern können. Unterscheiden Sie dazu die harten Fakten (z. B. Gehalt) von den weichen Faktoren (z. B. Anerkennung). Prüfen Sie danach, welcher Weg in Ihrer aktuellen Lebenssituation der beste für Sie ist: mit dem Chef reden, einen neuen Job suchen, sich die Dinge schönreden oder die Ansprüche senken.*

2.2 Anspruchscheck

Arbeit hat hierzulande nicht den besten Ruf. Fragt man Menschen, ob es ihnen lieber sei, am Montag zur Arbeit zu gehen oder zukünftig im Paradies zu leben, sagen die meisten: Paradies. Ein Ort, an dem man alles bekommt und nichts dafür tun muss. Aber wären wir denn damit wirklich zufrieden?

Ein Fass ohne Boden

Die eigenen Ansprüche haben leider die Angewohnheit, unstillbar zu sein. Selbst im Paradies würde den meisten von uns noch etwas einfallen, das uns zum ganz großen Glück fehlt. Die Grundlage Ihrer Ansprüche bilden Ihre Vorstellungen davon, was Sie mit einer bestimmten Herkunft, Ausbildung und Erfahrung normalerweise erwarten können. Eine Arzttochter entwickelt andere Ansprüche an ihr Leben und an den Job als ein Arbeiterkind. Außerdem vergleichen Sie sich zeitlebens mit anderen Menschen und entwickeln immerfort neue Bedürfnisse und Erwartungen. Zufriedenheit ist deshalb eine sehr persönliche Angelegenheit und es ist scheinbar unmöglich, alle seine Bedürfnisse und Erwartungen jederzeit gleichermaßen zu befriedigen. Das wussten schon die Rolling Stones und komponierten den Song: *„I can't get no satisfaction."*
Selbst wenn Sie Ihre Bedürfnisse befriedigen können, bleibt Zufriedenheit häufig aus, weil Ihre Erwartungen größer sind als das, was Sie realisieren können. Wenn

Sie beispielsweise hungrig sind und etwas zu essen haben, ist das eine Voraussetzung, aber noch lange keine Garantie für Zufriedenheit. Sie sind oft erst dann zufrieden, wenn Sie das zu essen haben, was Sie sich vorstellen. Wer Hummer will und Kartoffeln bekommt, wird enttäuscht sein, auch wenn er von Kartoffeln satt wird.

Achten Sie einmal darauf und unterscheiden Sie Ihre Bedürfnisse, wie zum Beispiel den Wunsch nach Anerkennung, von Ihren Erwartungen, das heißt davon, wie viel Anerkennung und in welcher Form Sie diese Anerkennung zu brauchen glauben, um Ihr Bedürfnis zu befriedigen.

Der soziale Vergleich

In einer Welt der 100.000 Möglichkeiten ist es gar nicht so leicht, auf das zu schauen, was Sie haben, und nicht auf das, was Ihnen (scheinbar) fehlt. Ein arabisches Sprichwort sagt: *„Wer den Palast des Sultans sieht, zerstört seine Hütte."*

Wir sehen täglich, was andere, unser Nachbar oder unser Arbeitskollege, haben, was diese Leute machen und was sie bekommen. Und wir vergleichen uns ständig mit ihnen. Der US-amerikanische Sozialpsychologe Leon Festinger hat dieses Phänomen erforscht (1954) und die Theorie des sozialen Vergleichs begründet. Sich mit anderen zu vergleichen ist eine Grundlage, um unsere Ansprüche auszubilden, und in der Regel kein Problem für die Zufriedenheit. Der Grund für den Vergleich ist das Problem: Das menschliche Bedürfnis, sich selbst im Vergleich zu anderen zu bewerten. *„Verdiene ich mehr oder weniger als mein Kollege, bekomme ich mehr oder weniger Anerkennung, habe ich die bessere Position, den höheren Status, die sinnvollere Aufgabe, ein leichteres oder schwereres Leben?"* Usf.

Unzufrieden sind wir dann, wenn ein anderer es in unseren Augen *„besser hat"* als wir, wenn er zum Beispiel mehr bekommt als wir. Wenn wir 3000 Euro im Monat verdienen und der Arbeitskollege 2500 Euro, dann ist die Welt für die meisten von uns in Ordnung. Verdienen wir 4000 Euro und der Kollege 4500 Euro, dann sind die meisten von uns unzufrieden.

Als Vergleichsgrößen dienen uns meist die Menschen in unserem direkten Umfeld und die sozialen Erwartungen der Gruppen, in denen wir uns bewegen. Jede Gruppe hat ihre eigenen Leitplanken zur Orientierung. Diese geben vor, was man haben sollte (z. B. Smartphone, Kleidung, Auto), was man tun sollte (z. B. Arbeit, Freizeit, Familie) und wie man sein sollte (z. B. jung, dynamisch, erfolgreich). Unsere Selbstbewertung, wie wir sind, was wir tun und was wir haben, führt dazu, dass wir uns zufrieden oder unzufrieden fühlen. Denn je nachdem, mit wem wir uns vergleichen, stehen wir besser, gleich gut oder schlechter da.

Vergleichen wir uns *„nach oben"*, das heißt, vergleichen wir uns mit reicheren, leistungsstärkeren, intelligenteren Menschen, kann uns das unzufrieden machen. Vergleichen wir uns hingegen *„nach unten"*, das heißt, vergleichen wir uns mit Menschen, die weniger erreicht haben als wir, kann uns das zufrieden machen.

In den Medien sehen wir täglich tausend Idealbilder zu Karriere, Beruf, Geld, Erfolg, Auto, Aussehen, Familie, Partnerschaft, Sex und vielem mehr. Das ist eine Megaherausforderung für unsere Zufriedenheit. Denn wir vergleichen uns gern *„nach oben"* und wir selbst oder andere stellen (zu) hohe Ansprüche an uns selbst und an das Leben. Das Gras des Nachbarn ist immer ein bisschen grüner als unser eigenes – und das wollen wir auch. Werbefachleute wissen, welche Wirkung das Phänomen des sozialen Vergleichs hat. Sie führen uns absichtlich immer wieder in die Unzufriedenheit, damit wir kaufen. Achten Sie einmal auf die vielen versteckten Botschaften in der Werbung, die suggerieren, dass Ihnen etwas fehlt, um wirklich zufrieden und glücklich zu sein.

Wer seine Unzufriedenheit überwinden will, kann damit anfangen, sich die Richtung seiner sozialen Vergleiche bewusst zu machen. Außerdem ist es sehr sinnvoll, nicht Äpfel mit Birnen zu vergleichen, das heißt, sich realistische Vergleichsgrößen zu wählen – und weniger Werbung anzuschauen.

Die eigenen Ansprüche prüfen

Prüfen Sie Ihre Ansprüche einmal daraufhin, woher sie eigentlich kommen. Was fehlt Ihnen, wovon wollen Sie mehr oder weniger? Und wozu? Spielen Sie exemplarisch die drei folgenden Aspekte der Arbeitszufriedenheit durch:

(1) Wollen Sie mehr Gehalt? Wozu?

a. Weil Sie aktuell mehr Geld ausgeben und weiterhin mehr ausgeben wollen, als Sie zur Verfügung haben?
b. Weil Ihr Kollege oder Nachbar mehr verdient als Sie und Sie vor sich selbst und vor anderen nicht *„schlechter dastehen"* wollen?
c. Weil Sie sehr viel leisten und zum Erfolg des Unternehmens maßgeblich beitragen und auch weiterhin beitragen wollen?

Sie ahnen es bestimmt. Wenn Sie beim Chef um eine Gehaltserhöhung fragen wollen, dann ist es sehr sinnvoll, als Argument „c" zu wählen. Das können Sie aber nur, wenn Sie tatsächlich gute Leistung erbringen. Ist das der Fall, haben Sie erfahrungsgemäß auch weniger Angst vor dem Gespräch mit Ihrem Chef, denn Sie haben etwas vorzuweisen. Geht Ihr Chef darauf nicht ein, ist das eine Triebfeder dafür, nach Alternativen zu suchen.

(2) Wollen Sie mehr Anerkennung im Job? Wenn ja, wozu?

a. Um fehlende Anerkennung im Privatleben, in der Partnerschaft und/oder der Freizeit auszugleichen?
b. Weil Ihre Kollegen vom Chef Ihrer Meinung nach mehr Lob erhalten als Sie und Sie nicht *„schlechter dastehen"* wollen?

c. Weil Sie eine gute Leistung erbringen und auch weiterhin erbringen wollen und weil Ihr Chef das offensichtlich nicht oder zu wenig würdigt?

Ein Anerkennungsdefizit im privaten Bereich sollte nicht der Anlass für ein Chef-Gespräch sein. Die Arbeit ist nicht dazu da, Defizite im Privatleben aufzuwiegen. Auch die Vermutung, dass andere Mitarbeiter vom Chef bevorzugt werden, ist als Anlass für ein Gespräch mit dem Chef in der Regel wenig geeignet. Bleiben Sie wiederum ganz bei sich selbst und bei Ihrer Leistung. Erhalten Sie für Ihre Leistung genug Anerkennung oder nicht? Wenn nicht, ist das ein guter Grund für ein Chef-Gespräch.

(3) Wollen Sie mehr Entscheidungs- und Handlungsspielraum (weniger Kontrolle) im Job? Wenn ja, wozu?

a. Weil Sie morgens später zur Arbeit kommen und abends früher gehen wollen?
b. Weil Sie sich von Ihrem Chef gegängelt und kontrolliert fühlen und Sie *„mehr Ihr Ding"* machen wollen?
c. Weil Arbeitsprozesse durch die Kontrolle Ihres Chefs langsamer und weniger effizient ablaufen, als wenn Sie selbst mehr entscheiden könnten?

Entscheidungs- und Handlungsspielraum muss man sich verdienen. Wenn Sie mehr Autonomie wünschen, um Ihre Arbeit besser um Ihre Freizeit herumorganisieren zu können, ist das nicht unbedingt eine gute Ausgangslage für ein Chef-Gespräch. Wenn Sie hingegen plausibel erklären können, dass Ihre Arbeitsprozesse mit mehr Entscheidungsspielraum besser ablaufen, ist das ein guter Grund für ein Gespräch.

Führen Sie die Prüfung Ihrer Ansprüche gern fort. Setzen Sie jeweils einen Aspekt Ihrer Arbeit ein, der für Sie wichtig ist, der jedoch aktuell nicht erfüllt wird. Fragen Sie sich dann, woher Ihr Anspruch kommt und wozu Sie mehr oder weniger von etwas wollen bzw. brauchen. Hält dieses *Wozu* und damit Ihre Forderung einem Chef-Gespräch stand?

Ihre Aufgabe ist es, zu prüfen, ob Ihre Ansprüche im Job zu Ihrer Leistungsbereitschaft und Leistungsfähigkeit passen. Wer viel erwartet, sollte viel leisten wollen und viel leisten können. Die Aufgabe Ihres Chefs ist es, dafür zu sorgen, dass Sie die Leistungsmöglichkeit erhalten, das heißt, Ihr Chef ist für die Rahmenbedingungen zuständig.

Merksatz

Wer im Job stets mehr Geld, Status, Anerkennung, Autonomie, Entwicklungsmöglichkeiten und Selbstverwirklichung erwartet, als er bereit oder fähig ist, an Gegenleistung zu erbringen, wird immer unzufrieden sein.

Wechsel der Blickrichtung: Wären wir im Paradies, einem Ort, an dem man alles bekommt und nichts

dafür tun muss, wirklich zufrieden? Den meisten
von uns würde auch dort einfallen, welches Stück
zum ganz großen Glück noch fehlt. Unsere An-
sprüche haben die Angewohnheit, unstillbar zu
sein, weil wir uns immer mit anderen vergleichen
und denken, dass es dem anderen besser geht als
uns. Wer von seiner Arbeit mehr erwartet, als er
bereit oder fähig ist, dafür einzusetzen, der macht
sich seine Arbeitszufriedenheit selbst kaputt.

2.3 Harmonie und Disharmonie

Den meisten Mitarbeitern fällt es erfahrungsgemäß
schwer, offen mit ihrem Chef über ihre Arbeitsunzufriedenheit zu sprechen. Viele halten stattdessen über Jahre
hinweg schlimme Arbeitssituationen aus, kündigen in-
nerlich und machen Dienst nach Vorschrift. Aber warum? Wir haben Angst vor Ablehnung und vor Arbeitsplatzverlust. Deshalb vermeiden viele das Chef-Gespräch.

Angst vor dem Chef
Viele Mitarbeiter scheuen aus Angst vor Ablehnung
und Arbeitsplatzverlust die offene Auseinandersetzung
mit ihrem Chef. Wenn sie sich nicht brav verhalten, so
die Befürchtung, ist der Chef sauer auf sie, und wenn er
ganz arg sauer ist, dann wird alles noch schlimmer oder
der Arbeitsplatz ist weg. Das gelernte Verhaltensmuster heißt: *„Sei lieb, dann passiert dir nichts.“*

Für die allermeisten Menschen ist es schwer zu ertragen, wenn jemand sauer auf sie ist. Wir halten Disharmonie, Zeichen der Ablehnung, der Zurückweisung und der Ausgrenzung kaum aus, weil wir biologisch gesehen darauf programmiert sind, dazugehören zu wollen. Unser Gehirn ist seit Zehntausenden von Jahren auf Zugehörigkeit programmiert, weil wir in einer feindlichen Umwelt als Teil einer Gruppe länger überlebten. Für uns Menschen im 21. Jahrhundert bedeutet es zwar nicht mehr automatisch den Tod, wenn jemand sauer auf uns ist und uns aus seiner Gruppe ausschließen will. Aber der Verlust von Zugehörigkeitsgefühl kann uns krank machen.

Das ist zum Beispiel deutlich zu beobachten, wenn Menschen eine Kündigung befürchten. Eine Kündigung wird als Ablehnung wahrgenommen, und der Verlust des Arbeitsplatzes bedeutet für viele Menschen nicht nur den Verlust der Existenzsicherung, sondern gleichzeitig, den Platz in der Gesellschaft zu verlieren und nicht mehr dazuzugehören. Die Folgen: Existenzangst und Selbstwertverlust. Die Auswirkung: Depression. Viele wissenschaftliche Studien belegen diesen Zusammenhang mittlerweile eindeutig.

Aus Angst davor, uns unbeliebt zu machen und abgelehnt zu werden, vermeiden wir also häufig das notwendige Chef-Gespräch. Wir ziehen uns zurück, *jammern*, reden uns die Dinge schön oder resignieren. In den meisten Fällen wissen wir jedoch gar nicht, wie unser Chef reagieren würde, wenn wir so mutig wären,

mit ihm zu reden. Wir verstricken uns in unserem er-
lernten Verhaltensmuster *„sei brav"* und in unseren
(Fantasie-)Ängsten. Der Chef hat keine Ahnung und ist
lediglich verwundert darüber, dass seine Mitarbeiter
so bedrückte Gesichter machen. Kennen Sie die „Geschichte mit dem Hammer"?

*Ein Mann will ein Bild aufhängen. Den Nagel hat er, nicht
aber den Hammer. Der Nachbar hat einen. Also be-
schließt unser Mann, hinüberzugehen und ihn auszubor-
gen. Doch da kommt ihm ein Zweifel: Was, wenn der
Nachbar mir den Hammer nicht leihen will? Gestern
schon grüßte er mich nur so flüchtig. Vielleicht war er in
Eile. Aber vielleicht war die Eile nur vorgeschützt und er
hat etwas gegen mich. Und was? Ich habe ihm nichts
angetan; der bildet sich da etwas ein. Wenn jemand von
mir ein Werkzeug borgen wollte, ich gäbe es ihm sofort.
Und warum er nicht? Wie kann man einem Mitmenschen
einen so einfachen Gefallen abschlagen? Leute wie dieser
Kerl vergiften einem das Leben. Und dann bildet er sich
noch ein, ich sei auf ihn angewiesen. Bloß weil er einen
Hammer hat. Jetzt reicht's mir wirklich. – Und so stürmt
er hinüber, läutet, der Nachbar öffnet, doch noch bevor
er „Guten Tag" sagen kann, schreit ihn unser Mann an:
„Behalten Sie Ihren Hammer, Sie Rüpel!"*

(Watzlawick, 1999, S. 37 f.)

Wer aus Angst vor Ablehnung und Arbeitsplatzverlust
zu lange den Mund hält, statt dem Chef frühzeitig klar

zu signalisieren, welche Bedürfnisse und Erwartungen er hat, dessen Weg führt allzu oft vom *Jammern* über das *Schönreden* der Dinge zum *Resignieren* und damit in eine chronische Unzufriedenheit beziehungsweise in unüberlegte Kurzschlusshandlungen – mit all den negativen Auswirkungen.

Oftmals weiß der Chef jedoch noch nicht einmal, dass es Ihnen schlecht geht. Er wird mit dem letzten Glied einer langen, komplizierten Kette Ihrer Fantasien konfrontiert, in der er selbst eine entscheidende negative Rolle spielt. Das ist wie mit dem Nachbarn und dem Hammer oder dem Nachbarn und der lauten Musik. Wir beklagen uns zehnmal bei unserem Partner darüber, dass dieser unmögliche Nachbar doch endlich die Musik leiser machen soll, statt einmal nach oben zu gehen und höflich darum zu bitten, die Musik leiser zu drehen. Zuerst jammern wir, dann versuchen wir uns die laute Musik schönzureden und finden, dass *„es gar nicht so laut ist"* oder dass *„die Musik ja gar nicht so schlecht ist"*. Wenn wir es nicht mehr aushalten, rasen wir entrüstet nach oben und schreien den Nachbarn an, der davor noch nicht einmal wusste, dass wir im Haus wohnen, geschweige denn, dass seine Musik uns stört.

Der Grund ist immer derselbe: Wir befürchten, uns beim anderen unbeliebt zu machen, wenn wir sagen, was wir uns wünschen, und haben Angst davor, dass der dann sauer auf uns ist.

Fehlende Alternativen

Wenn wir befürchten müssen, dass unser Nachbar sauer auf uns ist, ist das schlimm genug, aber in der Regel noch aushaltbar. Die Angst vor dem Chef hat hingegen schnell etwas Existenzbedrohendes für uns. Existenzangst ist nichts Schönes. Wenn wir beruflich keine Alternativen zu unserer aktuellen Arbeitssituation sehen, weil wir vielleicht an unseren Wohnort gebunden sind, weil unsere Qualifikation nicht die beste ist oder weil wir aus anderen Gründen abhängig von unserem Arbeitgeber sind, befinden wir uns in einer eher unkomfortablen Lage.

Erfahrungsgemäß haben Mitarbeiter weniger Schwierigkeiten damit, ein Chef-Gespräch zu führen, wenn sie aufgrund eines Finanzpolsters, einer hohen Mobilität und Flexibilität, einer sehr guten Ausbildung, aufgrund ihrer Jugend oder durch andere Faktoren unabhängig von ihrem Arbeitgeber sind oder sich unabhängig fühlen.

Denn faktisch müssen wir anerkennen, dass der Chef in der Praxis tatsächlich am längeren Hebel sitzt. Ein Machtgefälle existiert in der Chef-Mitarbeiter-Beziehung, das wir nicht wegdiskutieren können. Wenn Mitarbeiter ihrem Chef mit zu vielen und zu hohen Erwartungen zu lang *auf den Sack gehen*, dann hat das einfach Konsequenzen. Und wenn ein Chef faktisch ein *Arschloch* ist, dann kann es schwer werden, ein konstruktives Gespräch mit ihm zu führen.

Da es für uns so schwer ist, Disharmonie auszuhalten, und da es für unseren Selbstwert verträglicher ist, selbstbestimmt zu gehen, als fremdbestimmt gegangen zu werden, kündigen wir, wenn es gar nicht mehr geht, sogar lieber selbst, als ein offenes Chef-Gespräch zu führen.

Das ist jedoch nur vermeintlich der leichtere Weg. Es gibt sicherlich Konstellationen, in denen Sie nicht umhinkommen, zu gehen – und das schnell. Aber bevor Sie *hinschmeißen*, können und sollten Sie immer miteinander reden. Überlegen Sie mal: Wenn Sie sowieso planen, zu gehen, dann haben Sie doch gar nichts mehr zu verlieren, sollte das Chef-Gespräch wirklich missglücken.

Eine wichtige Voraussetzung dafür, dass das Gespräch gelingt, ist aber, dass Sie sich Gedanken darüber gemacht haben, mit welchen Bedürfnissen und Erwartungen Sie an Ihren Chef herantreten. Außerdem macht der Ton die Musik, und es gibt günstige und weniger günstige Gelegenheiten, um miteinander zu reden.

Wechsel der Blickrichtung: Für uns Menschen ist Disharmonie nur schwer zu ertragen. Aus Angst davor, dass unser Chef sauer auf uns sein, uns ablehnen und vielleicht sogar kündigen könnte, vermeiden wir das Chef-Gespräch. Faktisch sitzt der Chef am längeren Hebel. Trotzdem müssen wir das Gespräch mit ihm nicht fürchten, wenn wir darüber nachgedacht haben, mit welchen Bedürfnissen und Erwartungen wir an ihn herantreten, und wenn wir das Gespräch vorbereiten.

2.4 Chef-Gespräch

Sie werden im Job immer wieder an den Punkt kommen, an dem Sie mit irgendetwas unzufrieden sind. Wenn Sie jedes Mal sofort den Arbeitgeber wechseln, sähe Ihre Vita bald aus wie ein Schweizer Käse mit vielen Löchern. Der Königsweg zu mehr Arbeitszufriedenheit ist das Chef-Gespräch. Bevor Sie alles *hinschmeißen* und Ihr Glück bei einem neuen Arbeitgeber suchen – bei dem Sie auch wieder einen Chef und Vorgaben haben werden –, ist es sinnvoll, ein Gespräch zu führen.

Die Gelegenheit

Führungskräfte lernen im Laufe ihres Chef-Daseins, wie sie Mitarbeitergespräche führen. Ein- oder mehrmals im Jahr finden diese Gespräche statt. Sie nennen sich Zielvereinbarungs-, Jahresabschluss-, Jahreshalbzeit- oder Wie-auch-immer-Gespräch.

Warum lernen eigentlich nicht auch Mitarbeiter, wie man ein Chef-Gespräch führt? Wenn Sie der Meinung sind, dass in Ihrer Arbeit etwas schiefläuft, dass Sie zum Beispiel nie genau wissen, was von Ihnen erwartet wird, Sie das Gefühl haben, dass Ihre Leistung nicht gesehen wird, oder wenn Ihre Kompetenzen nicht abgerufen werden und Sie sich wie ein Rennpferd im Stall fühlen, dann haben Sie die Möglichkeit, zu Ihrem Chef zu gehen und um ein Chef-Gespräch zu bitten. Sie müssen nicht auf die übers Jahr so spärlich verteilten Mitarbeitergespräche und darauf warten, dass Ihr Chef Sie zu sich zitiert. Schaffen Sie sich selbst die Gelegenheit, mit Ihrem Chef zu reden.

Seien Sie mutig und trauen Sie sich, aktiv auf Ihren Chef zuzugehen. Denken Sie an die Geschichte mit dem Hammer (S. 50). Wenn Ihr Chef nicht weiß, was Sie brauchen, um zufrieden zu sein, kann er auch nicht für die entsprechenden Rahmenbedingungen sorgen. Und glauben Sie bloß nicht, dass Ihr Chef *riechen* kann, welche Bedürfnisse Sie haben. Selbst hoch empathische Chefs haben in ihrem Führungsjob so viel zu tun, dass ihre Wahrnehmungsfähigkeit leiden kann. Denken Sie immer daran: Ihr Chef ist auch nur ein Mitarbeiter des Unternehmens. Er hat viel um die Ohren, steht unter Druck von oben und hat häufig gar keine Zeit, aktiv auf Sie zu- und einzugehen – auch wenn er das machen sollte.

Übernehmen Sie Selbstverantwortung und fordern Sie, wenn Sie unzufrieden sind, ein Gespräch ein. Bereiten Sie sich jedoch generalstabsmäßig darauf vor. Denn Chef-Gespräche können Katalysatoren sein. Innerhalb von wenigen Minuten ist es möglich, Weichen für die nächsten Monate oder gar Jahre Ihres (Arbeits-)Lebens zu stellen.

Wählen Sie einen guten Zeitpunkt für das Chef-Gespräch. Lassen Sie sich nicht auf ein *Tür-und-Angel-Gespräch* ein, betonen Sie, wie wichtig das Gespräch für Sie ist. Zufriedenheit ist eine Art Tauschhandel zwischen Ihrem Arbeitgeber bzw. Ihrem Chef und Ihnen. Ihr Arbeitgeber vertraut darauf, dass Sie eine gute

Leistung abliefern. Sie vertrauen darauf, eine Arbeit zu bekommen, die Ihren Ansprüchen entspricht. Wenn man Erwartungen an sein Gegenüber stellt, ist es deshalb clever, im Gegenzug auch etwas vorzuweisen. Eine günstige Gelegenheit für ein Chef-Gespräch ist beispielsweise dann gegeben, wenn eines Ihrer Projekt gut läuft oder gerade erst erfolgreich abgeschlossen wurde.

Das Gespräch

Eine gute Vorbereitung ist das halbe Gespräch. Beachten Sie die folgenden fünf Punkte, damit Ihr Chef-Gespräch gelingt:

(1) Ansprüche prüfen: Prüfen Sie zunächst immer, ob Sie bei den Punkten, die Sie ansprechen wollen, selbst bereit und fähig sind, in Gegenleistung zu treten. Wer Respekt einfordert, sollte den anderen respektieren. Wer mehr Wertschätzung will, sollte sich wertschätzend verhalten, und wer mehr Gehalt will, sollte gute Leistungen erbringen. Denken Sie daran: *Wie man in den Wald hineinruft, so schallt es heraus.* Das ist das Gesetz der Wechselwirkung, das wusste schon Sir Isaac Newton vor ein paar Hundert Jahren.

$$\text{Aktion} = \text{Reaktion}$$

Abb. 3: Wechselwirkungsprinzip

Ein Beispiel aus der Praxis:

Eine Mitarbeiterin ist unzufrieden darüber, dass ihre Meinung in der Abteilung offensichtlich überhaupt nicht zählt. Im Chef-Gespräch äußert sie den Wunsch, dass der Chef in Besprechungen doch auch sie einmal um ihre Meinung bitten und ihre Kompetenz abrufen solle. Der Chef fragt: *„Wo liegen Ihre besonderen Stärken, worin kennen Sie sich besonders gut aus, bei welchen Themen kann ich bzw. können unsere Projekte in der Abteilung von Ihrem Know-how profitieren?"* Daraufhin die Mitarbeiterin zum Chef: *„Äh, hm, also, das kann ich jetzt so spontan gar nicht beantworten."*

Chance vertan. Schlecht vorbereitet. Denn spontan ist an einem Chef-Gespräch überhaupt nichts. Sie bestimmen, wann Sie Ihren Chef nach einem Termin fragen, das heißt, Sie haben alle Zeit der Welt, um sich vorzubereiten. Nutzen Sie das! Sie müssen präzise benennen können, worin Sie gut sind, wenn Ihr Chef Ihre Meinung zurate ziehen soll. Wer sich nicht sichtbar macht, darf sich nicht darüber beschweren, dass der Chef ihn nicht sieht. Machen Sie im Arbeitsalltag auf sich, Ihr Können und auf das, was Sie wollen, aufmerksam.

(2) Weniger ist mehr: Überfrachten Sie das Chef-Gespräch nicht mit einer diffusen Unzufriedenheit über alles Mögliche. Wer nur einfach mal so über dies und jenes lamentieren möchte, sollte dies zu Hause vor dem

Spiegel tun. Chef-Zeit ist kostbar und Chef-Gespräche sind es auch. Benennen Sie deshalb konkret die ein oder zwei wichtigsten Punkte. Das reicht. Und wenn Sie noch mehr zu besprechen haben, dann vereinbaren Sie einen weiteren Termin in einem halben Jahr. Veränderungen brauchen Zeit, überfordern Sie das System nicht.

(4) Chef-Reaktionen vorwegnehmen: Nutzen Sie Ihre Intuition und überlegen Sie vorweg, wie Ihr Chef auf Ihre Bedürfnisse und Erwartungen reagieren könnte. Spielen Sie vor Ihrem inneren Auge einige Szenarien durch. Vielleicht üben Sie das Chef-Gespräch sogar mit einem Freund oder einem Coach. (Das machen auch Chefs, wenn es darum geht, zu lernen, wie man Mitarbeitergespräche führt.)

(3) Kühler Kopf statt heißes Blut: Die Kunst beim Chef-Gespräch liegt darin, Ihrem Chef nicht das Gefühl zu vermitteln, er habe als Vorgesetzter auf ganzer Linie versagt. Ziel ist es auch nicht, dem Chef einmal die Meinung zu geigen oder die eigene Wut an ihm auszulassen. Gehen Sie mit kühlem Kopf in das Chef-Gespräch. Mit Wut im Bauch oder einem Kloß im Hals werden Sie nicht das erreichen, was Ihnen wichtig ist. Regulieren Sie Ihre Emotionen herunter, indem Sie bewusst atmen. Und formulieren Sie *Wünsche statt Vorwürfe*. *„Chef, ich wünsche mir ...“* lässt dem Chef die Möglichkeit, zukünftig etwas zu unternehmen. *„Chef, ich bin unzufrieden mit ...“* richtet den Blick dagegen in die

Vergangenheit und bringt den Chef in Rechtfertigungszwang.

(5) Das Gespräch führen: Gehen Sie mit einer selbstbewussten Haltung in das Gespräch. Rufen Sie sich Ihre Erfolge im Job in Erinnerung. Nehmen Sie eine aufrechte Körperhaltung ein. Überlegen Sie, was das Schlimmste wäre, was passieren kann – vielleicht, dass Ihr Chef nichts ändern will oder kann. Und dann? Dann wären Sie nach dem Gespräch so weit wie vor dem Gespräch – und damit auch nicht schlimmer dran. Bedanken Sie sich bei Ihrem Chef dafür, dass er sich die Zeit für das Gespräch nimmt. Nennen Sie die Punkte, die Ihnen am wichtigsten sind, in den ersten drei Sätzen. Legen Sie sich diese Sätze parat, das heißt, üben Sie diese Sätze auswendig. Formulieren Sie *„Wie-Fragen" statt „Ob-Fragen".* Wer seine Frage mit *„ob"* beginnt, riskiert ein „Nein". Wer seine Frage mit *„wie"* beginnt, fragt nach Lösungen und startet damit einen Denkprozess. Atmen Sie ruhig. Achten Sie auf einen verbindlichen Abschluss des Gesprächs. Am Ende muss klar sein, wer bis wann wofür verantwortlich ist und bis wann sich was verändern kann.

Das Chef-Gespräch

Üben Sie Ihre Sätze. Sprechen Sie die Sätze laut aus. Zum Beispiel:

1. „Chef, ich wünsche mir ein höheres Gehalt, weil … ."
2. „Chef, ich brauche flexiblere Arbeitszeiten und will fragen, wie wir das organisieren können."
3. „Chef, ich wünsche mir mehr Anerkennung für meine Leistungen."
4. „Chef, ich weiß nicht, was Sie von mir erwarten, und wünsche mir konkretere Absprachen."
5. „Chef, ich kann meine Fähigkeiten nicht richtig zur Geltung bringen und will fragen, wie wir das ändern können."

Sie werden bemerken, dass es Ihnen sogar zu Hause, im geschützten Raum und ohne Ihrem Chef gegenüberzusitzen, schwerfallen wird, Ihre Sätze laut auszusprechen. Üben Sie, das macht Sie sicherer.

Das Selbstvertrauen, seine Bedürfnisse und Erwartungen gegenüber seinem Chef zu formulieren, macht unabhängig und frei – und zufrieden. Was aber machen Sie, wenn Ihre Angst vor dem Chef zu groß ist und Sie einfach kein Gespräch führen können? Oder Ihr Chef nicht bereit ist, mit Ihnen zu sprechen? Oder wenn er zwar mit Ihnen spricht, aber Sie und Ihre Ansprüche nicht ernst nimmt? Oder wenn er zwar gern auf Ihre Ansprüche eingehen würde, ihm aber selbst – ganz ehrlich – die Hände gebunden sind? Dann hilft es nichts, dann müssen Sie Konsequenzen ziehen – oder unzufrieden bleiben.

Wenn wir im Job unzufrieden sind, können wir entweder unsere Job-Realität verändern oder unsere Ansprüche anpassen. Das Chef-Gespräch ist der Königsweg zu mehr Arbeitszufriedenheit. Erst wenn der Chef uns ins Gesicht sagt, dass er nichts machen kann oder will, müssen wir uns fragen, ob wir bleiben oder gehen. Beachten Sie die folgenden Punkte zur Vorbereitung auf das Gespräch mit dem Chef:

30

- *Unterscheiden Sie zwischen den harten Fakten der Zufriedenheit (z. B. Gehalt) und den weichen Faktoren (z. B. Anerkennung).*
- *Unterscheiden Sie zwischen Ihren Bedürfnissen und Ihren Erwartungen, wie diese Bedürfnisse befriedigt werden sollen.*
- *Prüfen Sie, ob Sie bereit und fähig sind, die Gegenleistung für Ihre Ansprüche zu erbringen.*

30 MINUTEN

3. Ausbrechen

„Tausche Sicherheit gegen Freiheit." Irgendwann kommt fast jeder im Beruf einmal an den Punkt, an dem er sich fragt: Bin ich eigentlich zufrieden? Was ist aus meinen Träumen geworden? Gehören Sie zu den Arbeitnehmern, die das Bedürfnis haben, aus den Zwängen eines ungeliebten Jobs auszubrechen und stattdessen ihre Träume zu verwirklichen?

Prüfen Sie auf den nächsten Seiten, wie es um Ihre Unabhängigkeit von Ihrem Arbeitgeber steht. Entwerfen Sie einen Aktionsplan für Ihren *Ausbruch,* und fangen Sie vielleicht schon mit einzelnen kleinen Schritten an, um wieder unabhängiger zu werden. Der Lohn dafür ist mehr Zufriedenheit – der Preis bezahlbar.

3.1 Freiheit und Sicherheit

Denken Sie häufiger darüber nach, dass Ihre tägliche Arbeit Sie von dem abhält, was Sie eigentlich gern machen würden? Es gibt kaum etwas Schlimmeres als die ewige Trauer über verpasste Chancen – das Verharren in einer misslichen Situation.

Freiraum

Ich bin felsenfest davon überzeugt, dass eines unserer stärksten Bedürfnisse das Bedürfnis nach Sicherheit ist. Ich bin ebenso fest davon überzeugt, dass es in der Natur des Menschen liegt, nach Unabhängigkeit und Freiheit zu streben.

> Unabhängigkeit [Autonomie], Zustand der Selbstständigkeit, Selbstbestimmung oder Entscheidungsfreiheit. Die Fähigkeit, sich als Wesen der Freiheit zu begreifen und aus dieser Freiheit heraus zu handeln.
> (Vgl. Wikipedia, Stichwort „Autonomie")

Zahlreiche (arbeits-)psychologische Studien bestätigen das Dilemma zwischen Freiheit und Sicherheit. Unterm Strich scheint unser Drang nach Unabhängigkeit und Freiheit jedoch noch stärker zu sein als unser Wunsch nach Sicherheit. Das erklärt, warum Menschen ausbrechen, wenn die Zwänge in der Arbeit zu groß werden. Mehrere Millionen Arbeitnehmer wechseln in Deutschland pro Jahr den Arbeitgeber – weil sie unzufrieden sind.

Immer mehr Menschen legen Wert darauf, etwas zu tun, was sie erfüllt, und tauschen die Sehnsucht nach Sinn gegen die Sicherheit ein. Das ist nicht ganz verwunderlich, wenn man sich die gesellschaftliche Entwicklung der letzten Jahrzehnte anschaut.

Mehr und mehr Unternehmen gehen dazu über, Umsatz als Unternehmensziel zu definieren. Das ist natürlich Unsinn. Umsatz ist kein Ziel, sondern immer das Ergebnis guter Arbeit. *„Unser Ziel ist es, eine Milliarde Euro Umsatz zu generieren"* ist kurzsichtig und funktioniert oft nur auf Kosten anderer. *„Unser Ziel ist es, die besten Produkte der Welt herzustellen"* – das funktioniert, und wenn die Produkte wirklich gut sind, dann stellt sich auch der Umsatzerfolg ein – langfristig, und zwar gemeinsam mit anderen und nicht auf deren Kosten. Viele Firmenbosse opfern die Sinnhaftigkeit ihres unternehmerischen Handelns jedoch auf dem Altar allzu kurzfristiger Umsatz- und Finanzziele.

Es passt ins Bild, dass die durchschnittliche Betriebszugehörigkeit von Arbeitnehmern drastisch sinkt. Noch in den 1960er-Jahren hatten Menschen in den Industrienationen im Durchschnitt vier verschiedene Arbeitgeber, wenn sie mit 65 Jahren in den Ruhestand gingen – heute im Alter von 30 Jahren schon acht. Die stille Übereinkunft, dass sich Arbeitgeber und Arbeitnehmer gegenseitig vertrauen, scheint gebrochen. Der Tauschhandel *„Du gibst mir deine Leistung"* und *„Ich gebe dir einen sicheren und sinnvollen Arbeitsplatz, von dem du leben kannst"* ist Vergangenheit. Dadurch hat sich die

Einstellung der Menschen geändert. Selbst bei großen Konzernen wie E.ON kann man innerhalb von zwölf Monaten wieder gekündigt werden. Das löst eine ganz andere Bereitschaft und Notwendigkeit aus, sich unabhängig zu machen.

Damit erklärt sich die Lücke zwischen dem Anspruch der Mitarbeiter auf eine sinnvolle und sichere Arbeit auf der einen Seite und der Realität am Arbeitsplatz, die oft als unsicher und sinnlos erlebt wird, auf der anderen Seite. Wie um Himmels willen soll ein Mitarbeiter in einer Umsatzsteigerung von beispielsweise zehn Prozent ein für ihn sinnvolles Unternehmensziel erkennen? Zumal die allermeisten Mitarbeiter nichts davon abbekommen, sondern, wenn es notwendig wird, für einen höheren Börsenkurs geopfert werden.

Ab einem bestimmten Zeitpunkt ist der Aufbruch in ein neues (Berufs-)Leben trotz aller damit verbundenen Unsicherheit und Anstrengung der einzige Weg zu mehr Zufriedenheit. Wie gut ist es aktuell um Ihre Unabhängigkeit bestellt? Können Sie Ihrem Arbeitgeber heute schon Ihre Unabhängigkeitserklärung abgeben?

Unabhängigkeitserklärung

Warum entscheiden Sie sich nicht *einfach* dafür, eine neue und bessere Stelle zu suchen und zu gehen, wenn Sie sich seit längerer Zeit mit Ihrem Job unzufrieden fühlen? Probieren Sie jetzt einmal aus, wie es sich anfühlt, den folgenden Satz laut auszusprechen:

„Chef, ich habe mich dazu entschieden, zu kündigen. Meine Ansprüche an die Arbeit und meine Job-Realität passen nicht zusammen."

Erfahrungsgemäß hat es etwas mit Ihrem Bedürfnis nach Sicherheit zu tun, dass Ihnen dieser Satz – noch nicht einmal zu Hause – leicht über die Lippen kommt. Menschen, die schon lang bei einem Arbeitgeber arbeiten, haben in der Regel bestimmte Vergünstigungen und Annehmlichkeiten angesammelt, die sie bei einem Wechsel des Arbeitgebers verlieren würden. Das beginnt damit, dass Sie sich in Ihrer Komfortzone eingerichtet haben. Sie kennen die Wege und Gegebenheiten genau und müssen sich nicht mehr auf Neues einstellen. Das erzeugt ein Gefühl der Sicherheit. Es können aber auch verschiedene materielle Vergünstigungen wegfallen, wenn Sie Ihren Arbeitgeber wechseln, zum Beispiel eine betriebliche Altersversorgung oder Unternehmensanteile.

Ein weiterer Grund dafür, dass es vielen so schwerfällt, sich zu entscheiden, den Arbeitgeber zu verlassen, ist das tatsächliche oder subjektiv erlebte Fehlen von Alternativen. Wenn Sie glauben, dass Sie aufgrund Ihres Alters, Ihrer Qualifikation, der generellen Arbeitsmarktsituation oder Ihrer persönlichen Situation nur geringe Aussichten auf eine bessere oder zumindest gleichwertige Position bei einem anderen Arbeitgeber haben, sind Sie abhängiger von Ihrem Arbeitgeber, als wenn Sie viele Alternativen wahrnehmen und diese gegeneinander abwägen können.

Mit anderen Worten: Fürchten Sie zu große Verluste im Falle eines Wechsels oder sehen Sie gar keine Job-Alternativen, sind Sie von Ihrem Arbeitgeber abhängig. Wie die meisten Formen der Abhängigkeit, macht auch die Abhängigkeit von einem Arbeitgeber tendenziell eher unzufrieden und hilflos. Kein Mensch gesteht sich gern ein, dass er abhängig ist. Schon gar nicht, dass er sich über die vergangenen Jahre vielleicht sogar selbst abhängig gemacht hat – von seiner eigenen Bequemlichkeit, von einem Dienstwagen, einem Einzelbüro, von Prämienzahlungen und anderen Vergünstigungen. Wenn Sie jetzt so ein leichtes Unwohlsein in der Magengegend spüren und sich leise rechtfertigen (*„Ja, aber ich brauche das doch alles.“*), dann sind wir an einem wichtigen Punkt angelangt. Spätestens jetzt geht es darum, sich ganz ehrlich zu fragen: *„Wie unabhängig bin ich aktuell eigentlich wirklich von meinem Arbeitgeber?“*

30 *Wechsel der Blickrichtung: Bei vielen Menschen ist die Sehnsucht, aus ungeliebten Zwängen im Job auszubrechen, groß. Und für ebenso viele Menschen scheint das Dilemma zwischen Freiheit und Sicherheit unlösbar. Fühlen wir uns frei, fehlt uns oft die Sicherheit, und andersherum. Bevor Sie ausbrechen, ist es sinnvoll, zu prüfen, wie unabhängig Sie sind. Sonst besteht die Gefahr, dass Sie von einer Abhängigkeit in die nächste rutschen.*

3.2 Unabhängigkeit

Die größte Freiheit, die Sie haben können, befindet sich zwischen Ihren Ohren – in Ihrem Kopf. Selbst wenn Sie eingesperrt wären, könnte Ihnen niemand die innere Freiheit nehmen, die Dinge so zu sehen, wie Sie sie sehen wollen. Das ist Ihre Einstellung zu den Dingen. Ihre Unabhängigkeit hat hingegen viel mehr mit Fakten zu tun, als Sie glauben. Prüfen Sie in diesem Kapitel einmal Ihren aktuellen Unabhängigkeitsstatus.

Machen Sie sich unabhängig

Von einem Arbeitgeber unabhängig zu sein, hat etwas mit den folgenden fünf Faktoren zu tun: Ihren Vorstellungen, den Geldreserven, Ihrer Qualifikation, der Mobilität und der Flexibilität.

(1) Vorstellungen: Welche Ihrer Vorstellungen, Interessen und Fähigkeiten wollen Sie im Job verwirklichen? In welchen Branchen und für welche Unternehmen wollen Sie arbeiten? In welcher Position wollen Sie welche Aufgaben bearbeiten? An welchem Ort soll sich Ihr neuer Arbeitgeber befinden. Wie viele Stunden wollen Sie arbeiten und welche Gehaltsvorstellungen haben Sie? Konkrete Vorstellungen darüber, was Sie brauchen, um zufriedener zu werden, sind der Anfang der Unabhängigkeit. Ihr Unabhängigkeitsraum beginnt in Ihrem Kopf und spannt sich zwischen den folgenden fünf Eckpunkten auf.

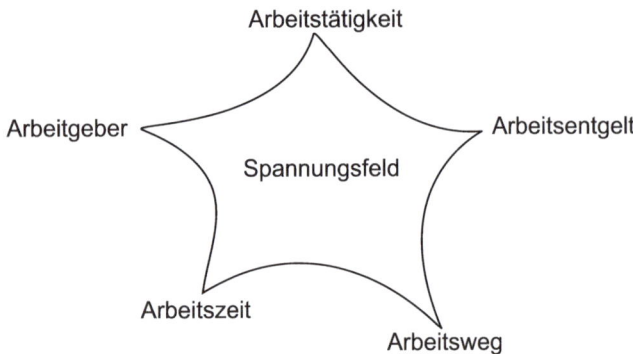

Abb. 4: Spannungsfeld der Unabhängigkeit

(2) Geldreserven: Geld allein macht vielleicht nicht glücklich, aber unabhängig. Wie viel haben Sie davon auf Ihrem Bankkonto liegen? Spaß bei Seite. Ich habe Menschen in meiner Coaching-Sprechstunde, die es sich leisten können und wollen, ein oder mehrere Jahre Auszeit von einem ungeliebten Job zu nehmen. Diese Leute wollen nicht gänzlich damit aufhören, zu arbeiten. Dafür ist (ihnen) die Arbeit viel zu wichtig. Denn in der Arbeit erleben sie sich als kompetent, anerkannt, wertgeschätzt und als ein wichtiger Teil in der Gesellschaft – wenn es eben der richtige Arbeitgeber ist. Wenn es Ihnen irgendwie möglich ist, sollten Sie ein wenig Geld ansparen, damit Sie dann Geld haben, wenn Sie es brauchen, um zu gehen. Richten Sie sich zu diesem Zweck vielleicht sogar ein *„Ich bin dann mal weg"*-*Konto* ein. Geld haben ist eine Sache. Geld ausgeben eine andere. Haben Sie einen Überblick über Ihre Aus-

gaben und ein Gefühl dafür, was für Sie wirklich wichtig ist und worauf Sie – wenn notwendig – auch verzichten können? Den Euro, den Sie nicht ausgeben, müssen Sie auch nicht (oftmals unter Aufgabe der Unabhängigkeit) verdienen. Prüfen Sie, welche Ihrer Geldausgaben für Sie wichtiger sind als Ihre Unabhängigkeit.

(3) Qualifikation: Geld zu haben, ist gut. Aber Geld verbraucht sich bekanntlich. Deshalb ist die Fähigkeit, Geld zu erwirtschaften, noch besser. Dazu müssen Sie irgendetwas können, eine Qualifikation vorweisen, die gefragt ist. Wissen Sie aktuell, wie gefragt Ihre Fähigkeiten auf dem Arbeitsmarkt sind? Wann haben Sie zuletzt Ihre Berufs- oder Ihre aktuelle Positionsbezeichnung in eine Online-Jobbörse eingegeben? Unabhängig sein heißt auch, den eigenen Marktwert kennen. Gegebenenfalls ist es sinnvoll, eine kleine Weiterbildung zu machen, um dem Arbeitsmarkt – für den Fall einer Bewerbungsphase – zu signalisieren, dass Sie lernbereit und lernfähig sind.

(4) Mobilität: Auch wenn Sie über eine marktgängige Qualifikation verfügen und Ihr aktueller Marktwert gut ist, heißt das noch lange nicht, dass Sie unabhängig von Ihrem Arbeitgeber sind. Es nutzt Ihnen wenig, wenn Sie im Süden Bayerns leben, an Ihren Heimatort gebunden sind und es für Sie passende Jobs nur in Hamburg gibt. Das Bedürfnis vieler Menschen, für die Arbeit ihren Wohnort nicht zu verlassen, ist ein ernst zu nehmender

Faktor und oftmals *der* Engpass, wenn es darum geht, einen neuen Arbeitgeber zu finden. Generationen von Gastarbeitern, zum Beispiel aus Italien, der Türkei oder Portugal, führen uns vor Augen, was es bedeutet, wenn Menschen für die Arbeit ihren Heimatort verlassen müssen.

(5) Flexibilität: Wie flexibel können Sie Ihre Arbeitszeit anbieten? Sind Sie Vollzeit einsatzbereit? Gleichgültig aus welchen Gründen – kleine Kinder, Pflege der Eltern, gesundheitliche Belastbarkeit: Wer seine Arbeitskraft zeitlich nur eingeschränkt zur Verfügung stellen kann, ist abhängiger von einem Arbeitgeber. Zwar ändern sich mittlerweile bei manchen Arbeitgebern die Arbeitszeitmodelle (Flexibilisierung, Homeoffice), aber es gibt noch genügend Jobs, die zu einer bestimmten Tageszeit und für eine bestimmte Zeitdauer vor Ort beim Arbeitgeber erledigt werden müssen. Deshalb ist auch der Faktor Zeit ein harter Faktor, bei dem es oft nur Schwarz oder Weiß gibt.

Wenn Sie sich die fünf Faktoren anschauen, erkennen Sie schnell zwei Dinge. Erstens: Alle fünf Faktoren hängen miteinander zusammen. Und zweitens: Manche Dinge sind schwarz *oder* weiß und nicht schwarz und weiß. Bei manchen Dingen gibt es einfach kein *„sowohl als auch"*, selbst wenn wir uns das manchmal wünschen. Sich unabhängig zu machen heißt, sich über das Spannungsfeld, in dem Sie sich bewegen, bewusst zu werden und in manchen Lebenssituationen zu akzeptieren, dass es *jetzt* nicht möglich ist, etwas an der eigenen Job-Realität zu ändern.

Beispiele: Entweder Sie können aktuell bundes-, europa- oder weltweit mobil sein und haben dadurch eine größere Auswahl an Arbeitgebern – oder nicht. Entweder Sie können für Ihren Traumjob das angebotene geringere Gehalt akzeptieren und bekommen den Job – oder nicht. Entweder Sie können Vollzeit arbeiten, oder Sie können für Ihre kleinen Kinder da sein. Entweder Sie verfügen aktuell über eine gute Qualifikation und haben dadurch mehr Auswahl auf dem Arbeitsmarkt – oder nicht.

Entscheiden Sie sich, was Ihnen aktuell und zukünftig wichtig ist. Versuchen Sie, mit Ihrem gesunden Menschenverstand die Stellschrauben herauszufinden, an denen Sie jetzt bzw. nach und nach drehen können, um Ihre Unabhängigkeit aufzubauen.

Noch ein Tipp am Rande: Nehmen Sie Ihr Sicherheitsbedürfnis ernst und versichern Sie sich für den Fall arbeitsrechtlicher Auseinandersetzungen mit einem Arbeitgeber sowie für den Fall gesundheitsbedingter Ausfälle. Selbst der *friedfertigsten Rossnatur* auf Erden empfehle ich im Job-Coaching den Abschluss einer Arbeitsrechtschutz- und Berufsunfähigkeitsversicherung. Der Arbeitsmarkt im 21. Jahrhundert hat sich einfach verändert. Den vertrauensvollen Tauschhandel zwischen Arbeitgeber und Arbeitnehmer (*„Leistung gegen sichere, sinnvolle Arbeit, von der man leben kann"*) gibt es immer seltener. Arbeitnehmer arbeiten sich häufig genug kaputt oder werden allzu schnell kurzfristigen Finanzzielen geopfert. Sie sollten für den Ernstfall gerüstet sein.

Entscheidung treffen

Wenn Sie eine Entscheidung treffen, dann treffen Sie eine Wahl zwischen mindestens zwei Alternativen. In einer Phase der beruflichen Unzufriedenheit, in der Sie keine Möglichkeiten haben, gemeinsam mit dem Chef (oder den Kollegen) eine besser passende Lösung im Job zu finden, können Sie zwischen *„Ich bleibe und jammere oder rede mir vorübergehend die Dinge schön oder senke zeitweise meine Ansprüche"* und *„Ich suche mir jetzt eine neue Stelle und gehe"* wählen. Wenn Sie es ernst damit meinen, zufriedener im Job werden zu wollen, dann müssen Sie diese Entscheidung treffen. Keiner kann Ihnen diese Entscheidung abnehmen.

Einen neuen Job suchen heißt aber nicht, dass Sie sofort alles *hinschmeißen* und Hals über Kopf kündigen. Bitte machen Sie das nur, wenn Sie über genügend Geldreserven verfügen. Einen neuen Job suchen heißt, dass Sie heute die Entscheidung treffen, sich auf den Weg in eine zufriedenere Zukunft zu machen. Im Kapitel *Realitätscheck* haben Sie bereits gelesen, dass es durchaus sinnvoll sein kann, sich bestimmte Dinge im Job vorübergehend schönzureden oder seine Ansprüche herunterzuschrauben. Aber eben bewusst und nicht zu lange, denn aus Resignation wird schnell Frustration, und die kann Sie krank machen.

Wenn Sie sich beispielsweise bewusst dafür entscheiden, in den nächsten Jahren die Nachteile bei Ihrem aktuellen Arbeitgeber in Kauf zu nehmen, weil es Ihnen wichtig ist, am Heimatort zu bleiben oder in Teilzeit zu arbeiten, sollten Sie überlegen, wie Sie sich parallel unabhängiger machen können, indem Sie sich zum Beispiel weiterbilden oder einen gewissen Geldbetrag ansparen.

Vergessen Sie nicht: Ihre größte Freiheit besteht darin, die eigene Einstellung gegenüber den Dingen zu überprüfen und gegebenenfalls zu ändern. Ihre Bedürfnisse sollten Sie befriedigen, ansonsten werden Sie unglücklich. Über die Art und Weise der Bedürfnisbefriedigung, das heißt über Ihre Erwartungen darüber, in welcher Form und Menge Sie Ihre Bedürfnisse befriedigen, lässt sich nachdenken. Der Philosoph Epiktet hat vor fast zweitausend Jahren Folgendes dazu gesagt: *„Es sind nicht die Dinge an sich, welche uns in emotionale Verwirrung bringen, sondern die Art und Weise, wie wir diese Dinge sehen."*

Wechsel der Blickrichtung: Unabhängigkeit ist eine Eins mit sechs Nullen. Da die wenigsten von uns eine Million Euro auf dem Konto liegen haben, können wir uns durch eine gute Mischung aus realistischen Vorstellungen, guter Qualifikation, einer gewissen Mobilität und Flexibilität von einem Arbeitgeber unabhängig machen. Wir können heute damit anfangen, unsere Unabhängig-

keit aufzubauen. Wir müssen uns nur dazu ent-
scheiden. Allein das führt schon zu mehr Zufrie-
denheit.

3.3 Aktionsplan

Ist es so weit? Halten Sie Ihren Chef oder die Kollegen, die monotone Tätigkeit oder andere Dinge im Job nicht mehr aus und drohen Sie, in Ihrer Unzufriedenheitssuppe zu verkochen? Dann machen Sie sich startklar und legen Sie los.

Startklar machen
Sich startklar machen bedeutet, zu wissen, was Sie wollen und was davon Sie realisieren können. Das Ziel Ihrer Reise haben Sie auf den letzten Seiten bereits eingegrenzt, indem Sie ein Gefühl dafür entwickelt haben, wodurch Sie im Job zufriedener werden. Jetzt können Sie damit beginnen, den Rucksack zu packen, um loszugehen und einen neuen, passenderen Arbeitgeber zu finden. Beantworten Sie die folgenden 20 Fragen. Prüfen Sie, wie sicher Sie sich dabei fühlen.

Die 20 Startklar-Fragen

1. *Welche Wechsel-Story haben Sie? Das heißt, was antworten Sie einem Personaler im Bewerbungsgespräch auf die Frage: „Warum wollen Sie wechseln?"*

2. *Kennen Sie Ihre Kündigungsfristen? Wie sehen diese aus?*

3. *Wissen Sie, wo und wie Sie nach passenden Stellen suchen?*

4. *Welche Online-Jobbörsen sind aktuell für Sie relevant?*

5. *Können Sie Stellenanzeigen interpretieren, das heißt, wissen Sie, was hinter den Anforderungskriterien steckt?*

6. *Wissen Sie, wie ein professioneller Lebenslauf heute aussieht?*

7. *Haben Sie einen aktuellen Lebenslauf vorliegen?*

8. *Wissen Sie, wie ein Bewerbungsanschreiben heute aussieht?*

9. *Haben Sie ein entsprechendes Musteranschreiben vorliegen?*

10. *Haben Sie ein aktuelles Zwischenzeugnis (nicht älter als 2 Jahre)?*

11. *Haben Sie Ihre Schul-, Ausbildungs-, Studien-, Weiterbildungs- und Arbeitszeugnisse möglichst lückenlos beisammen?*

12. Wissen Sie, wie Sie Ihre Bewerbungsmappe (digital und/oder auf Papier) professionell zusammenstellen?

13. Wie gut kennen Sie sich mit Online-Bewerbungsportalen aus?

14. Rufen Sie bei einem potenziellen neuen Arbeitgeber oder einem Personalvermittler an, bevor Sie Ihre Unterlagen einschicken?

15. Wissen Sie, worauf es „der anderen Seite" (Personalentscheidern in Unternehmen) bei einer Bewerbung wirklich ankommt?

16. Kennen Sie die absoluten „No-Gos" im Bewerbungsprozess?

17. Was machen Sie, wenn Sie eine Einladung zum Bewerbungsgespräch bekommen?

18. Wissen Sie, welche Fragen im Bewerbungsgespräch auf Sie zukommen und was hinter diesen Fragen steckt?

19. Wissen Sie, worauf Sie achten sollten, wenn Sie einen neuen Arbeitsvertrag unterschreiben?

20. Haben Sie ein Worst-Case-Szenario (einen Plan B), wenn es mit Ihren Bewerbungen nicht (schnell genug) klappt?

Und? Wie schätzen Sie sich selbst ein? Sind Sie startklar? Wenn Ihre letzte Bewerbung schon Jahre zurückliegt oder Sie sich mit Ihren Antworten sehr unsicher fühlen, können Sie sich entsprechende Bewerbungsliteratur besorgen, um Ihr Bewerbungswissen aufzufrischen. Oder suchen Sie sich gleich einen guten Coach als professionellen Reisebegleiter.

Dabei geht es nicht darum, sich schon morgen von seinem Arbeitgeber zu verabschieden. Aber es geht darum, startklar zu sein, es tun zu können, wenn Sie die Sehnsucht nach dem Neuanfang überwältigt. Sie bestimmen den Zeitpunkt. Das ist Freiheit. Aber Sie können den Zeitpunkt nur bestimmen, wenn Sie vorbereitet sind.

Manchmal reicht es auch schon aus, zu wissen, dass man Alternativen hat und sofort loslegen könnte, um dort, wo man ist, zufriedener zu sein. Die Möglichkeit, gehen zu können, macht unabhängig und frei – und zufrieden.

Schritt für Schritt

Zwischen Erfolg und Misserfolg entscheidet die Konsequenz, mit der Sie Ihre Schritte gehen. Wenn Sie im Job unzufrieden sind und den Arbeitgeber wechseln wollen, ist es hilfreich, sich wirklich bewusst dafür zu entscheiden, zu gehen. Sonst besteht die Gefahr, dass Sie unsystematisch mal hier, mal da nach passenden Stellen suchen, sich ab und an mal bewerben und nach den ersten Absagen nicht mehr nur unzufrieden im Job, sondern auch noch unzufrieden mit sich selbst und über Ihren Bewerbungsmisserfolg sind.

Zufriedenheit ist machbar – aber nur, wenn Sie etwas dafür tun. Erstellen Sie sich einen *Was-Wann-Wie-Plan* und legen Sie darin konkret fest, was Sie wann und wie machen werden, um einen neuen Arbeitgeber zu finden. Unterschätzen Sie nicht, dass es ein wenig anstrengend werden kann, parallel zum aktuellen Job und zu den privaten Verpflichtungen Zeit einzuplanen, um passende Stellen zu finden, den Lebenslauf und das Bewerbungsanschreiben jeweils anzupassen und den Bewerbungsprozess zu steuern. Erinnern Sie sich daran, wofür Sie das machen – für mehr Zufriedenheit im Job.

Schauen Sie einmal, welche der folgenden neun Tipps Ihnen die Bewerbungsarbeit erleichtern werden.

Der Was-Wann-Wie-Plan

1. Reservieren Sie sich mindestens zwei Mal zwei Stunden Zeit pro Woche für Ihre Bewerbungen.

2. Überlegen Sie sich rechtzeitig eine glaubwürdige und loyale Wechselstory.

3. Aktualisieren Sie Ihren Lebenslauf und gegebenenfalls Ihr XING-Profil – das sind Ihre Visitenkarten im Bewerbungsprozess.

4. Legen Sie sich ein digitales Suchprofil in den für Sie relevanten Online-Jobbörsen an.

5. Lassen Sie ein professionelles Bewerbungsfoto anfertigen (nicht älter als ein halbes Jahr).

6. Erstellen Sie eine Vorlage für Ihre Bewerbungsanschreiben, die Sie jeweils anpassen können.

7. Erstellen Sie eine PDF-Datei (Dateigröße maximal 2,0 MB) mit all Ihren relevanten Zeugnissen.

8. Stellen Sie sicher, dass ein potenzieller neuer Arbeitgeber Sie auch erreichen kann (E-Mail, Mobilbox).

9. Bereiten Sie Ihre Selbstpräsentation vor: „Ich bin ..." „Ich kann ..." Ich will ..."

Es gibt bekanntlich nichts Gutes, außer man tut es. Manchmal fühlen wir uns aber so unsicher, dass wir wie gelähmt sind und einfach nicht in die Aktion kommen. Zum Beispiel bewerben sich viele Menschen nicht aus der Angst vor Absagen. Hier möchte ich Sie beruhigen. Genauso wie beim Chef-Gespräch haben Sie auch beim Bewerben erst einmal nichts zu verlieren. Was passiert denn, wenn Sie eine Absage bekommen? Dann sind Sie genauso weit wie zuvor – wissen aber, dass Sie etwas an Ihren Bewerbungen verändern können, um zum Ziel zu kommen.

Wechsel der Blickrichtung: Zufriedenheit ist machbar – aber nur, wenn man etwas dafür tut. Ein planvolles und systematisches Vorgehen ist hilfreich: Ziel definieren, festlegen, was man wann und wie konkret machen wird, und dann los. Wer sich dabei unsicher fühlt, kann sich entsprechende

30

Literatur besorgen oder einen professionellen Coach als Begleiter nehmen.

3.4 Der Preis

Sind Sie bereit dafür, den Preis für mehr (Arbeits-)Zufriedenheit zu zahlen? Der Preis lautet: Verabschieden Sie sich von der Idee vom Paradies und übernehmen Sie Selbstverantwortung.

Selbstverantwortung

Der Preis für mehr (Arbeits-)Zufriedenheit ist die Selbstverantwortung. Die Zufriedenheit der Menschen, die ihr Leben selbst in die Hand nehmen, ist sehr groß – das bestätigen viele Studien. Glücksforscher sind davon überzeugt, dass wir am glücklichsten sind, wenn wir in der Arbeit aufgehen und das Gefühl haben, Teil von etwas Sinnvollem zu sein. Ein chinesisches Sprichwort bringt das trefflich auf den Punkt:

„Wenn du eine Stunde lang glücklich sein willst, schlafe. Wenn du einen Tag glücklich sein willst, geh fischen. Wenn du ein Jahr lang glücklich sein willst, habe ein Vermögen. Wenn du ein Leben lang glücklich sein willst, liebe deine Arbeit.“

Wenn Ihre Ansprüche (Bedürfnisse und Erwartungen) und Ihre Job-Realität nicht zusammenpassen, kommen

Sie nicht umhin, Selbstverantwortung zu übernehmen – die Dinge selbst in die Hand zu nehmen. Ansonsten müssten Sie darauf warten, dass sich irgendetwas oder irgendjemand *von selbst* verändert, damit Sie zufriedener werden. Das geschieht erfahrungsgemäß selten. Entweder Sie ändern etwas an Ihrer Job-Realität bzw. Sie passen Ihre Ansprüche an oder Sie bleiben unzufrieden. Selbstverantwortung zu übernehmen und die Dinge selbst in die Hand zu nehmen macht frei. Doch Freiheit macht die meisten Menschen erst einmal unsicher. Wie gehen Sie mit dieser Unsicherheit um?

Wenn Sie sich Ihrer Sache nicht sicher sind, müssen Sie darauf vertrauen, dass es funktionieren wird. Sie müssen zum Beispiel an Ihre Fähigkeiten glauben, ein Chef-Gespräch führen oder in einem Bewerbungsgespräch überzeugen zu können. Da Sie jedoch nie zu 100 Prozent sicher sein können, wie ein Bewerbungs- oder ein Chef-Gespräch verlaufen wird, lässt sich Unsicherheit nicht wegdiskutieren. Aber Sie können lernen, mit Unsicherheiten umzugehen, wo Sie sich Sicherheiten wünschen. Oftmals genügt bereits ein Wechsel der Blickrichtung, um die Dinge klarer zu sehen.

Arbeitsplätze mögen im 21. Jahrhundert unsicher sein, doch die Kompetenzen, die Sie haben, sind Ihnen sicher. Denken Sie daran, dass Sie Ihrem Arbeitgeber und dem Arbeitsmarkt etwas zu bieten haben. Ihre Arbeitskraft ist wertvoll! Machen Sie sich Ihre Fähigkeiten bewusst und machen Sie sich damit selbstbewusst. Gehen Sie in ein Chef- oder Bewerbungsgespräch immer als

Anbieter Ihrer Arbeitskraft und niemals als Bittsteller. Bereiten Sie sich auf diese Gespräche sehr gut vor. Die Mühe lohnt sich. Es gibt nur wenige Gelegenheiten im Arbeitsleben, bei denen Sie in kürzerer Zeit mehr erreichen können als in einem Bewerbungsgespräch (einen neuen Arbeitsvertrag) oder in einem Chef-Gespräch (eine Verbesserung Ihrer Arbeitssituation).

Denken Sie einmal über die folgenden Fragen nach: Ist es vielleicht so, dass nur derjenige zufrieden werden kann, der bereit ist, für seine Unabhängigkeit mit der Unsicherheit umzugehen? Waren wir früher deshalb zufriedener, weil wir besser mit den Unsicherheiten im Leben umgehen konnten? Und konnten wir vielleicht deshalb besser mit diesen Unsicherheiten umgehen, weil wir weniger abhängig waren – uns weniger abhängig gemacht haben von materiellen Dingen? Können wir heute nicht mehr so gut mit der Unsicherheit umgehen, weil wir von zu vielen Dingen abhängig sind?

Das Paradies

Neben der Selbstverantwortung hat unsere Zufriedenheit noch einen weiteren Preis: Wir müssen uns von der Idee verabschieden, dass es irgendwo auf Erden ein Paradies, also einen Ort gibt, an dem wir alles bekommen und nichts dafür geben müssen.

Als Mitarbeiter sind wir keine Verbraucher, die sich im *Supermarkt der Arbeit* ohne Gegenleistung einfach bedienen können – hier ein größeres Büro, dort eine Gehaltserhöhung, hier mehr Sinn und dort mehr Lob. Ihr

Chef ist keine Super-Nanny, die Ihnen Zufriedenheit frei Haus liefern kann. Und selbst wenn wir *heute* all das bekommen würden, was wir uns wünschen, würde uns das nicht auf Dauer zufrieden machen. Wer das verstanden hat, kann mit scharfem Blick prüfen, welche Ansprüche (Bedürfnisse und Erwartungen) momentan nicht zu seiner Job-Realität passen, und entscheiden, was er tun wird, um sofort oder zukünftig etwas daran zu ändern.

Sie kommen nicht umhin, selbst etwas zu unternehmen, um zufriedener zu werden. Ein dauerhaftes Paradies gibt es nicht. Die gute Nachricht lautet jedoch, dass Sie etwas tun können, um sich immer wieder paradiesische Momente zu erschaffen. Zwei Fragen sind es, die Ihnen dabei den Weg leichter machen werden:

1. Sind Sie bereit und fähig dazu, die Gegenleistung für Ihre Ansprüche zu erbringen? Welchen Preis wollen und können Sie für Ihre Ansprüche zahlen.

2. Ist das Paradies für Sie ein Ort, an dem Milch und Honig fließen, oder ist das Paradies ein Ort, an dem Sie mit der Milch und dem Honig, die fließen, zufrieden sind und sich zum Beispiel nicht auch noch einen Ananassaft wünschen?

Paradiesisch ist es, wenn wir uns im Gleichgewicht befinden zwischen unseren Ansprüchen und unserer Bereitschaft, der Fähigkeit und der Möglichkeit, das Notwendige dafür zu tun.

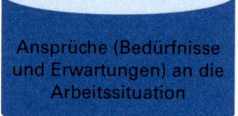

Abb. 5: Das Paradies ist ein Gleichgewicht

Paradiesisch ist es, wenn wir schätzen, was wir haben, und nicht (nur) wollen, was uns (scheinbar) fehlt.

Zufriedenheit ist machbar – wenn wir bereit sind, den Preis dafür zu zahlen und etwas dafür zu tun. Das folgende Vorgehen ist hilfreich:

- **Verabschieden Sie sich von der Idee vom Paradies als einem Ort, wo Sie alles bekommen und nichts dafür tun müssen.**
- **Übernehmen Sie Selbstverantwortung und nehmen Sie die Dinge selbst in die Hand.**
- **Prüfen Sie, ob Sie bereit und fähig sind, die Gegenleistung für Ihre Ansprüche zu erbringen.**
- **Definieren Sie Ihr Ziel, legen Sie fest, was Sie wann und wie konkret machen werden, und legen Sie los.**
- **Suchen Sie sich ggf. Unterstützung.**
- **(Ver-)Trauen Sie sich. Leben Sie Ihr Leben – jetzt! Denn Sie leben nicht ewig.**

Zufriedenheit ist machbar

Es gibt unzählige Bücher zum Thema Zufriedenheit, und viele davon möchten uns anleiten, allein mit *positivem Denken* zufriedener zu werden. Doch wenn es ausreichen würde, einfach *positiv zu denken*, wäre jeder Mensch zufrieden und meine Coaching-Sprechstunde leer.

Selten sagt uns ein Ratgeber, wie wir im Job zufriedener werden – obwohl es die Arbeit ist, die das Leben der meisten Menschen nachhaltig prägt und bestimmt. Ich verspreche Ihnen keine Wunder. Ihre momentane Lebens- und Arbeitssituation ist das Ergebnis von abertausend Ereignissen und Entscheidungen, die sich im Laufe vieler Jahre kumuliert haben. All das können Sie nicht über Nacht verändern. Aber auch die längste Reise beginnt mit dem ersten Schritt. Packen Sie die wertvollsten elf Erkenntnisse und Fragen dieses Buches in Ihren Rucksack und laufen Sie los. Es lohnt sich.

1. Das Paradies, ein Ort, an dem Sie alles bekommen und nichts dafür tun müssen, gibt es nicht. Übernehmen Sie Selbstverantwortung und schaffen Sie sich immer wieder selbst paradiesische Momente.

2. Welche Ihrer Ansprüche (Bedürfnisse und Erwartungen) passen nicht mit Ihrer aktuellen Job-Realität zusammen?

3. Kennen Sie den Ursprung Ihrer Ansprüche? Mit wem vergleichen Sie sich? Und wozu wollen Sie mehr oder weniger von etwas?

4. **Wechsel der Blickrichtung:** Womit sind Sie in Ihrem Leben und in Ihrer Arbeit zufrieden? Denken Sie auch an das, was Sie haben, nicht nur an das, was Ihnen fehlt.

5. Sind Sie **momentan oder chronisch unzufrieden?** Momentane Unzufriedenheit kann die Triebfeder für Veränderung und Entwicklung sein. Chronische Unzufriedenheit macht krank!

6. Wenn Sie unzufrieden im Job sind, können Sie entweder Ihre **Job-Realität ändern oder Ihre Ansprüche anpassen.** Nur zu *jammern* hilft nicht weiter.

7. Der Königsweg zu mehr Zufriedenheit im Job ist das **Chef-Gespräch.** Reden Sie *mit* Ihrem Chef, nicht *über* ihn. Klären Sie, was sich verändern lässt, bevor Sie alles *hinschmeißen*.

8. Beachten Sie die folgenden Kommunikationsregeln: *„fragen statt klagen"*, fragen Sie, *„wie"* etwas möglich ist, nicht *„ob"*, und äußern Sie *Wünsche statt Vorwürfe*.

9. Manchmal muss man aus allen Zwängen ausbrechen und **einen neuen Job finden.** Gehen Sie dabei planvoll und systematisch vor.

10. Es gibt nur **wenige Gelegenheiten im Arbeitsleben, bei denen Sie in kürzerer Zeit mehr erreichen** können als in einem Bewerbungsgespräch (neuer Arbeitsvertrag) oder in einem Chef-Gespräch (Verbesserung Ihrer Arbeitssituation).

11. Wenn Sie aktuell an Ihrer Situation nichts ändern können, ist es sinnvoll, das zu **akzeptieren.** Passen Sie dann – zumindest vorübergehend – Ihre Ansprüche an.

Fast Reader

1.   Wunsch und Wirklichkeit

Zufriedenheit ist ein flüchtiger Zustand und Unzufriedenheit ist nicht per se schlecht. Wir bewegen uns im Leben immer zwischen Zufriedenheit und Unzufriedenheit. Dabei kann Unzufriedenheit ein produktiver Zustand sein, denn sie ist die Triebfeder für Veränderung. Wer keine Möglichkeiten sieht, an seiner Unzufriedenheit etwas zu ändern, und chronisch unzufrieden wird, wird krank. Ein andauerndes Ungleichgewicht zwischen Ansprüchen und Realität ist nur schwer zu ertragen.
Momentane Unzufriedenheit kann schleichend in eine chronische Unzufriedenheit übergehen. Achten Sie einmal darauf, wie häufig Sie über Ihre Arbeitssituation jammern. Spätestens wenn Sie bemerken, dass Sie im Jammertal sitzen und gar nicht mehr damit aufhören, zu klagen, sollten Sie die Unzufriedenheitsbrille absetzen und mit klarem Blick schauen, was Sie an Ihrer Job-Realität

ändern oder an Ihren Ansprüchen anpassen können.

Als Mitarbeiter glaubt man oft besser zu wissen, was der Chef tun oder lassen sollte, damit „der Laden endlich mal läuft" und die Mitarbeiter zufriedener sind. Wenn irgendetwas nicht passt, ist „natürlich" der Chef schuld. Doch Ihr Chef ist nicht dafür zuständig, Sie zufrieden zu machen. Wohl aber, Ihre Arbeitszufriedenheit nicht absichtlich – oder weil er es nicht besser weiß – kaputtzumachen. Er ist dafür verantwortlich, Sie respektvoll zu behandeln, denn Respekt ist Chefsache!

30 *Wir fühlen uns zufrieden, wenn unsere Ansprüche und die Job-Realität zusammenpassen. Momentane Unzufriedenheit kann die Triebfeder für Veränderung und Entwicklung sein, wenn wir die Möglichkeit sehen, an unserer Job-Realität etwas zu ändern. Können wir das nicht, werden wir chronisch unzufrieden und oft krank. Damit das nicht passiert, können Sie Folgendes beachten:*

- *Achten Sie darauf, ob und, wenn ja, seit wann Sie in Ihrer Unzufriedenheitssuppe sitzen und klagen.*
- *Setzen Sie die Unzufriedenheitsbrille ab und prüfen Sie, welche Dinge Sie zufrieden machen.*
- *Übernehmen Sie Selbstverantwortung und reden Sie mit Ihrem Chef über das, was Sie brauchen.*

2. Möglichkeiten

Worüber reden Sie eigentlich, wenn Sie sagen, dass Sie unzufrieden sind? Um etwas zu verändern, müssen Sie wissen, was Sie verändern wollen, um dann zu prüfen, ob Sie es verändern können. Unterscheiden Sie dazu die harten Fakten (z. B. Gehalt) von den weichen Faktoren (z. B. Anerkennung). Prüfen Sie danach, welcher Weg in Ihrer aktuellen Lebenssituation der beste für Sie ist: mit dem Chef reden, einen neuen Job suchen, sich die Dinge schönreden oder die Ansprüche senken.

Wären wir im Paradies, einem Ort, an dem man alles bekommt und nichts dafür tun muss, wirklich zufrieden? Den meisten von uns würde auch dort etwas einfallen, welches Stück zum großen Glück noch fehlt. Unsere Ansprüche haben die Angewohnheit, unstillbar zu sein, weil wir uns immer mit anderen vergleichen und oft denken, dass es dem anderen besser geht als uns. Wer von seiner Arbeit stets mehr erwartet, als er bereit oder fähig ist, dafür einzusetzen, der macht sich seine Arbeitszufriedenheit selbst kaputt.

Für uns Menschen ist Disharmonie nur schwer zu ertragen. Aus Angst davor, dass unser Chef sauer auf uns sein, uns ablehnen und vielleicht sogar kündigen könnte, vermeiden wir das Chef-Gespräch. Faktisch sitzt der Chef am längeren Hebel.

*Trotzdem müssen wir das Gespräch mit ihm nicht
fürchten, wenn wir es gut vorbereiten.*

30 **Wenn wir im Job unzufrieden sind, können wir
entweder unsere Job-Realität verändern oder unsere Ansprüche anpassen. Das Chef-Gespräch ist
der Königsweg zu mehr Arbeitszufriedenheit.
Beachten Sie die folgenden Punkte zur Vorbereitung auf das Gespräch mit dem Chef:**

- **Unterscheiden Sie zwischen den harten Fakten
  der Zufriedenheit (z. B. Gehalt) und den weichen Faktoren (z. B. Anerkennung).**
- **Unterscheiden Sie zwischen Ihren Bedürfnissen und Ihren Erwartungen, wie diese Bedürfnisse befriedigt werden sollen.**
- **Prüfen Sie, ob Sie bereit und fähig sind, die
  Gegenleistung für Ihre Ansprüche zu erbringen.**

3. Ausbrechen

*Bei vielen Menschen ist die Sehnsucht, aus unge-
liebten Zwängen auszubrechen, groß. Und für
ebenso viele scheint das Dilemma zwischen Freiheit und Sicherheit unlösbar. Fühlen wir uns frei,
fehlt uns oft die Sicherheit, und andersherum.
Prüfen Sie, bevor Sie ausbrechen, wie unabhängig Sie sind. Sonst besteht die Gefahr, von einer
Abhängigkeit in die nächste zu rutschen.*

Unabhängigkeit ist eine Eins mit sechs Nullen. Da die wenigsten von uns eine Million Euro auf dem Konto liegen haben, können wir uns durch eine gute Mischung aus realistischen Vorstellungen, guter Qualifikation, einer gewissen Mobilität und Flexibilität von einem Arbeitgeber unabhängig machen. Wir können heute damit anfangen, unsere Unabhängigkeit aufzubauen. Wir müssen uns nur dazu entscheiden. Allein das führt schon zu mehr Zufriedenheit.

Zufriedenheit ist machbar – aber nur, wenn wir bereit dazu sind, den Preis dafür zu zahlen und etwas dafür zu tun. Das folgende Vorgehen ist hilfreich:

- **Verabschieden Sie sich von der Idee vom Paradies als einem Ort, wo Sie alles bekommen und nichts dafür tun müssen.**
- **Übernehmen Sie Selbstverantwortung und nehmen Sie die Dinge selbst in die Hand.**
- **Prüfen Sie, ob Sie bereit und fähig sind, die Gegenleistung für Ihre Ansprüche zu erbringen.**
- **Definieren Sie Ihr Ziel, legen Sie fest, was Sie wann und wie konkret machen werden, und legen Sie los.**
- **Suchen Sie sich Unterstützung, wenn Sie unterwegs nicht weiterwissen.**
- **(Ver-)Trauen Sie sich. Leben Sie Ihr Leben – jetzt! Denn Sie leben nicht ewig.**

Der Autor

Hans-Georg Willmann ist Experte für Karrierefragen und Coach aus Leidenschaft. Als Diplom-Psychologe berät er Mitarbeiter und Führungskräfte im ganzen Land und unterstützt sie dabei, Ziele zu erreichen. Er ist Autor zahlreicher Erfolgsratgeber.

©Alex Jung

Bereits bei GABAL veröffentlicht:
- *30 Minuten Willenskraft* (5. Aufl. 2015)
  Auch als E-Book und Audio erhältlich
- *30 Minuten Selbstvertrauen* (2. Aufl. 2014)
  Auch als E-Book und Audio erhältlich
- *30 Minuten Begeisterung* (1. Aufl. 2014)
  Auch als E-Book erhältlich
- *Erfolg durch Willenskraft* (1. Aufl. 2015)
  Auch als E-Book erhältlich

Kontakt: Hans-Georg Willmann
www.willenskraft.de